# 面对灾难
## ——人类的内在力量

Resilience: The Inner Strength Facing Adversity

王雨吟　潘俊豪◎主编

·广州·

**版权所有　翻印必究**

**图书在版编目（CIP）数据**

面对灾难：人类的内在力量/王雨吟，潘俊豪主编．—广州：中山大学出版社，2020.10

ISBN 978-7-306-06992-4

Ⅰ.①面⋯　Ⅱ.①王⋯②潘⋯　Ⅲ.①灾害—心理康复　Ⅳ.①B845.67

中国版本图书馆 CIP 数据核字（2020）第 195674 号

Mandui Zainan: Renlei De Neizai Liliang

| | |
|---|---|
| 出版人： | 王天琪 |
| 策划编辑： | 陈　慧　翁慧怡 |
| 责任编辑： | 翁慧怡 |
| 封面设计： | 曾　斌 |
| 责任校对： | 赵　冉 |
| 责任技编： | 何雅涛 |
| 出版发行： | 中山大学出版社 |
| 电　　话： | 编辑部 020-84111996，84113349，84111997，84110779 |
| | 发行部 020-84111998，84111981，84111160 |
| 地　　址： | 广州市新港西路135号 |
| 邮　　编： | 510275　　　传　真：020-84036565 |
| 网　　址： | http://www.zsup.com.cn　　E-mail：zdcbs@mail.sysu.edu.cn |
| 印刷者： | 广州市友盛彩印有限公司 |
| 规　　格： | 787mm×1092mm　1/16　15.25 印张　268 千字 |
| 版次印次： | 2020 年 10 月第 1 版　2020 年 10 月第 1 次印刷 |
| 定　　价： | 60.00 元 |

如发现本书因印装质量影响阅读，请与出版社发行部联系调换

# 目录
## CONTENTS

**上编　个体水平的心理弹性**

第1章　心理弹性概述　王雨吟　潘俊豪/3

第2章　心理弹性的脑机制　代政嘉　郭小童　吴睿贞　李良芳/15

第3章　积极改变：认知的作用　余萌/36

第4章　积极改变：良好的情绪调节　胡传林　陈其锦　黄臻
　　　　郑曦　黄敏儿/56

第5章　积极改变：心理弹性的行动机制　黄嘉笙/75

第6章　创伤后成长　陈杰灵　田雨馨/91

第7章　感恩之心　曾光/111

第8章　自我悲悯　王雨吟　杨婉婷/131

**中编　群体水平的心理弹性**

第9章　群体与社会支持　周麟茗　张超彬　王浩　陆敏婕　高定国/155

第10章　家庭弹性　王雨吟　王小雅/174

**下编　文化水平的心理弹性**

第11章　文化背景中的心理弹性　张广东/195

第12章　中国文化视域下的心理弹性　李桦　葛鹏　刘志成　许俊斌/214

后记/239

上编 个体水平的心理弹性

# 第1章 心理弹性概述

纵观历史长河，总会有类型各异、程度不一的灾难冲击着人类和整个世界。正如2020年年初的这一场新型冠状病毒肺炎（英文简称"COVID-19"，中文简称"新冠肺炎"）疫情，它不仅威胁到人们的生命安全，打乱了正常的生活秩序，甚至影响了整个社会经济的发展。面对疫情，全国上下迅速反应，众志成城，成功地在较短的时间内将疫情控制住。在这期间，无论是武汉人民的坚毅付出，还是医护人员的逆行救援，以及普通民众的自制配合，都让我们在困境之中看到希望，得到疗愈。毫无疑问，灾难会给人类带来创伤，对我们的情绪、身体和心灵带来影响，但人类乃至所有生命体都有着顽强的生命力，在经历创伤事件后表现出愈合、恢复，甚至成长的能力。这就是本书将要讨论的人类力量——心理弹性。

## 一、创伤及其消极影响

### （一）创伤的界定

人类对灾难性事件（adversity）的关注由来已久，因为这些事件通常都会带来负面的后果。这类事件可以包括自然灾害（地震、海啸、龙卷风等）、各类急慢性疾病、传染病、战争、强奸或性攻击、枪击、事故（飞机、动车、汽车等事故）、丧失（失去亲人、朋友等）、童年期虐待、父母生育先天疾病患儿等。尽管人们拥有预先应对的能力，会竭尽所能地避免这类事件的发生，但是，灾难性事件的发生率依然较高（Norris，1992）。根据西方国家流行病学调查的数据，此类事件的终生发生率在美国高达90%（Breslau，2002），澳大利亚男性报告率为64.6%、女性报告率为49.5%（Creamer, Burgess, & McFarlane, 2001），加拿大男性和女性的报告率分别为81%和74%（Stein, et al., 1997）。

然而，尽管这类事件的发生看起来是无法完全避免的，但并不是所有人都会受到此类事件的消极影响。例如，一项由香港学者开展的针对严重急性呼吸综合征（SARS）住院患者的研究发现，在长达18个月的追踪期内，有35%左右的患者在整体心理功能上一直保持功能良好的水平（Bonanno, et al., 2008）。也就是说，SARS并没有对其心理功能造成不良的影响。可见，并不是所有的灾难性事件都会给个体带来不利影响，也不是所有经历了同一灾难性事件的个体都会受到相同的不利影响。为此，心理学家提出心理创伤（psychological trauma）的概念来对会给个体带来影响的灾难性事件进行进一步的界定。

对心理创伤进行界定并不是一件容易的事。某个事件是否威胁到自己或他人是一件极为主观的事情。同时，创伤也不一定需要亲身经历。替代性创伤，指的就是虽然没有亲身经历创伤，却感同身受，也体验到创伤，产生无力、自责等情绪。这类替代性创伤常见于救援人员群体中，如消防队员、医疗人员、警务人员，乃至心理治疗师等。

在心理创伤治疗领域，临床工作者将创伤分为两类："T"创伤和"t"创伤。"T"创伤，是指一般人都会评估为灾难性的重大事件，如战争、飞机失事、自然灾害、身体暴力等。而"t"创伤，指的则是个人生活中一些超出个体应对能力的事件，如失恋、被动物咬伤、轻微车祸等。需要注意的是，"t"创伤并不意味着将这个事件对经历该事件的个体的影响评定为较小；对于实际经历者而言，他的切身体会可能是个"大"事件，只是从普通意义上来说，或是他人会认为这个事件对其影响较小。也正因此，"T"创伤更容易为个体和他人所识别，所以，经历"T"创伤者更容易获得帮助。对比之下，"t"创伤更取决于个体自身的感受，很容易被他人忽视。个体甚至容易因此而遭到嘲讽，从而引发深远的消极影响。

对创伤的系统性研究始于"二战"之后针对退伍老兵所出现的情绪症状展开的研究。随着诊断标准的不断修订，对创伤性事件的界定也在发生变化，但多数都将其界定为"T"创伤。在这些变化之中，最显著的点在于创伤事件的界定不再要求个体必须亲身经历这一事件。最新版的美国《精神障碍诊断与统计手册》（DSM-5）在创伤后应激障碍的诊断标准中将创伤事件界定为：直接经历创伤事件；亲眼看见发生在他人身上的创伤事件；获悉亲密的家庭成员或亲密的朋友身上发生了创伤事件；在实际的或被威胁的死亡案例中，创伤事件必须是暴力的或事故；反复经历或极端接触创伤事件的令人作呕的细节（例如，急救员收集人体遗骸，警察反复接触虐待儿童的细节）（American Psychiatric Association，2013）。

随着研究的发展，研究者发现不仅这类一次性的、严重的创伤事件会带来消极影响，人际间的不良对待（特别是童年期的不良对待）更会带来长远的不利影响。此类创伤被界定为复杂性创伤。复杂性创伤是一种重复出现的、累积的创伤形式，这种创伤往往出现在某段时期或特定的关系情境之下。复杂性创伤这一概念的形成源自研究者发现一些形式的创伤比其他形式的创伤渗透力更强，也更为复杂（Herman，1992a，1992b）。复杂性创伤最初针对的是有被虐待经历的儿童，如今被应用到家庭和其他亲密关系中各种形式的冲突模式与附带的创伤上。同时，战争、囚犯与难民状态都可能带来复杂性创伤。而一些需要大量药物治疗的急性（慢性）疾病或单一的创伤性事件都可能会带来复杂性创伤（Courtois，2004）。当复杂性创伤与日后生活中遭遇的一次性创伤事件叠加时，其引起的不良反应可能更为强烈。

（二）创伤的消极影响

针对创伤的早期研究几乎都视其为风险因素，关注其引发的各类问题，其中最为相关的就是创伤后应激障碍（posttraumatic stress disorder，PTSD）。PTSD，指的是个体在经历创伤性事件之后，表现出以下症状：侵入性症状，反复地、闯入性地出现关于创伤事件的痛苦回忆；回避症状，回避与创伤相关的想法、感受、话题、情境；高警觉症状，长期处于"战斗或逃跑"状态，易激惹；认知和心境改变，自罪自责、兴趣丧失等

(American Psychiatric Association, 2013)。

除PTSD之外，还有许多身心不适的表现与创伤或应激性事件相关。严重的，会引发焦虑障碍、抑郁障碍等情绪问题，也会出现身心疾病等问题；程度较轻的则会引发适应障碍。在儿童群体中，还会出现与依恋关系损伤相关的障碍，如反应性依恋障碍、去抑制性社会参与障碍。可以说，创伤研究者已经对创伤引发的消极影响进行了较为广泛和深入的研究。然而，研究者也注意到，在经历创伤性事件的人群中，仅有5%～10%的个体罹患PTSD。当创伤事件持续时间较长或较为严重，同时涉及人际暴力或发生在童年期时，PTSD及其他相关心理障碍的发生率会更高，但基本也不会超过30%（Bonanno，2005；Yehuda，2004）。可见，消极后果并不是创伤事件发生后的大概率事件；相反，弹性才是更为常见的反应模式（Bonanno，2004）。

## 二、心理弹性的界定

长久以来，人们早已认识到经历灾难、逆境后获得积极变化的现象是普遍存在的。上至国家民族的"多难兴邦"，下至个体民众的"吃一堑，长一智"，这些俗语都体现着人们对这种积极变化的认识。心理学家在试图对这种现象进行深入的研究时，发现这是一个较为复杂且复合的概念，较难给予统一明确的界定。

如今，受到广泛认可用于界定这一现象的构念，被称为"心理弹性"（resilience）。"resilience"这个英文词还被翻译成为复原力、回弹力、心理韧性等。其实，不同的中文翻译可以折射出这一构念的复杂性，每一个翻译都反映了其某个层面上的含义。因此，要对如此复杂的构念进行研究是一件颇具挑战性的事情。它到底是一个过程、一种个体的特质、一个动态的发展过程、一个结果，还是上面提到的所有？此外，在成功的、有弹性的适应行为和没有弹性的反应之间，研究者该如何划定界限？

将心理弹性概念化为成功适应逆境的结果得到了较多的支持。对于创伤研究者而言，心理弹性被界定为在经历威胁到个人和身体完整性的重大威胁事件后能够有效地适应（Agaibi & Wilson，2005）。例如，Hoge 等人将心理弹性界定为在创伤事件后没有发展出 PTSD（Hoge，Austin，& Pollack，2007）。Bonanno 等人（2006）则将有效适应界定为没有发展出任何 PTSD 症状，或只发展出单个症状。然而，Masten（2001）则认为，仅仅将积极适应认为是没有 PTSD，该设定过于狭隘，因为有些个体出现的或许是除 PTSD 之外的其他障碍类型。

为更好地阐述心理弹性作为成功适应结果的含义，研究者提出其应包含两个方面。首先是恢复，即人们如何才能在挑战中完全恢复过来（Masten，2001；Rutter，1987）。适应力强的个体在经历压力事件后，在心理、生理及社会关系方面表现出更强的快速恢复平衡的能力。其次，同样重要的是可持续性，或在逆境中持续前进的能力（Bonanno，2004）。

## （一）恢复：从高危到复原

当我们站在心理病理模型的角度来看创伤事件时，会发现创伤事件确实是预测心理病理状态的高危因素。因此，只关注风险因素的研究者通常将科研聚光灯打在创伤事件的消极结果上。然而，人类是无与伦比的，在儿童期乃至一生中观察到的心理弹性现象都是常见的，而非罕见现象（Bonanno，2004；Greve & Staudinger，2006）。许多在艰苦的环境之下，甚至是虐待性的家庭环境之中生存下来的孩子，都发展良好，研究者甚至把这种恢复称为"平凡的魔法"（Masten，2001）。当然，应激性事件最初会带来相当程度的痛苦，这是可以预料的；但是在多数情况下，可能会对个体的适应带来潜在的益处。个体对灾难的反应很多时候并不是绝望，而是"看到一线希望"，甚至是"发现了生活中真正重要的东西""发现了别人有多在乎自己"，并"发现了内在隐藏的能力（或者是隐藏的对其他人慷慨的能力）"（Zautra，2003）。

尽管从逆境中恢复并不罕见，但是恢复的速度和彻底程度是关键。人们在内在能力、灵活性及恢复能力方面各不相同（Gallo, et al.，2005）。

一些心理弹性的研究者关注于人格特征（Friborg, et al., 2005），致力于探索怎样的人能够较快、较彻底地恢复。但是与此同时，我们也需要关注影响个体反应能力的社会-环境决定因素。每个家庭及每个社区所处的社会和物理环境能够提供的响应度是不同的（Garmezy, 1991）。所以，我们只有从社会和社区的视角，才能更好地理解心理弹性的内涵。

不仅个体具有恢复的能力，社区乃至整个自然界都具有恢复的能力。历史上，因为战乱、自然灾害等，城市不断被摧毁，但绝大多数城市都能如凤凰涅槃般再次成型、崛起。人类社区更是如此。在从灾难中恢复的过程中，大部分来自受影响社区的个体表现出了不同寻常的高度合作和团结。可叹的是，这些行为上的变化并不会持久。无论是经历突发性的事件（比如纽约经历的"9·11"事件），还是自然灾难（比如洪水或者地震），一旦移走了沙袋、清理了废墟、申请了保险索赔等，人们通常会倾向于认为一切就已经恢复如初。对于很多社区来说，"社区弹性"就到此为止了。因此，"社区弹性"可能部分源于危机，但是，持久的可维持的弹性能力似乎需要在社区的多个方面进行有目的的干预。

（二）可持续发展：不断追求向好面

可持续发展的概念从生态学领域借鉴而来，它为我们理解心理弹性提供了一个系统层面的视角。当将弹性仅限定为恢复这一层含义时，人们或许会认为最佳的结果就是复原。也就是说，在受到灾难的冲击后，只要身心能恢复到原来的位置就好。然而，我们也经常在许多经历创伤的人口中听到："一切都回不去了。"Holling等学者提出，当系统因外部冲击而发生改变时，其改变不仅仅是程度上的变化，更是一种系统各部分相互之间的作用关系发生了动态的、非线性的变化（Adger, 2000；Holling, et al., 1995）。落到个体身上，创伤事件不仅造成认知、情感和行为各个元素程度上的变化，更造成这些元素之间关系的变化。因此，我们需要从系统的整体变化上来理解心理弹性。

罗杰斯就已提出，有机体有着自我实现的先天趋势（Rogers, 1977）。

对于一个系统而言，不断发展是其维持内稳态的一种方式。个体作为一个系统，亦是如此。身-心系统的内稳态不在于保持情绪的波澜不惊，而在于不断前进，为目标努力。所以，在这个意义上，个体的心理弹性的另一层含义在于个体能够在应激之下维持住追求生活意义的能力。也就是说，恢复关注的是治疗伤口，可持续发展则将注意放在生活的向好面上，即放在那些与福祉有关的工作、娱乐、社会关系等人生任务上。当有些人处于完全适应了当下的环境，但无法计划未来的状态时，他们的人生仍处于停摆的状态。因此，即便他们没有临床症状，也不能说这样的人生就是有弹性的。

社区的弹性也有相似之处。如果我们界定某个社区所能提供的生活质量时，考虑的只是环境是否安全、采购日常生活用品是否便利、住所和工作场所之间的道路是否畅通这些因素的话，那么就不会有人为"大城床，还是小城房"这样的问题所困扰。大城市之所以繁荣昌盛，就在于它们不仅注重基础，还提供了更高水平的刺激和机会，尽管这些也会给日常生活带来更多的危险（Florida，2004）。人们需要一个稳定的结构化的物理环境来为他们提供基本的物品，同时，也需要社区为他们提供满足社会联结和心理成长所需的支持。因此，弹性的社区既要组织有序，也要能够促进人们追求目标、实现人生意义。

（三）心理弹性的指标

在明确心理弹性的含义之后，人们更为关心的是，哪些生物心理社会过程可以指示个体或社区，使他们（它们）能够得到恢复并实现可持续发展。为此，研究者开展了大量的研究。早期的研究认为风险因素的缺失就意味着更有弹性，而近期的研究则开始探索能够直接促进弹性的指标。Zautra 等人（2010）对现有研究结果发现的各个水平上的风险因素指标和弹性资源指标进行了总结（见表1-1）。

表1-1 风险因素和弹性资源指标

| 风险因素指标 | 弹性资源指标 |
|---|---|
| 生物层面 | |
| ● 血压：心脏舒张压 > 90 mmHg，心脏收缩压 > 140 mmHg | ● 心率变异性 |
| ● 胆固醇 > 330mg/dL，空腹血糖值 > 126，体重指数 > 24 | ● 有规律的体育锻炼 |
| ● 与焦虑相关的遗传因素 | ● 与压力下的心理弹性相关的遗传因素 |
| ● 高C反应蛋白和（或）其他变高的炎症过程 | ● 免疫反应和免疫调节 |
| 个体层面 | |
| ● 精神病史 | ● 积极的情绪资源 |
| ● 抑郁（无望） | ● 希望（乐观、积极） |
| ● 创伤性脑损伤 | ● 高认知功能，学习（记忆）和执行功能 |
| 人际（家庭） | |
| ● 儿童创伤史（成人虐待史） | ● 安全的朋友（亲属）关系 |
| ● 慢性社交压力 | ● 紧密的社会联系 |
| 社会（组织） | |
| ● 处于环境危害中 | ● 拥有绿地空间，通过社区园艺拥抱自然环境 |
| ● 暴力犯罪比率 | ● 志愿服务 |
| ● 有压力的工作环境 | ● 令人满意的工作生活 |

尽管已有大量的研究对弹性资源指标进行了探索，但仍有一些未来的工作方向需要予以重视。首先，需要更加关注以可持续发展为结果的弹性资源过程探索。从伤害中恢复并不等同于朝着积极面前进（Bernston，Caccioppo, & Gardner, 1999)。例如，早期的关系研究就已发现，亲密关系中消极互动的程度并不能解释积极互动的程度（Stone & Neale, 1982）。其次，更广阔系统中的因素也需要得到研究者的关注。例如，文化因素对处于其中的人们有着深远而潜在的影响，广泛地影响着人们的叙事方式、意义寻求等方面，会导致人们对灾难的解读有不同的方向。

## 三、本书概览

2020年年初出现的新型冠状病毒肺炎疫情已经对中国社会和人民造成了巨大的创伤。在本书编写的过程中，疫情已席卷全球，给无数的人民和社区带来了难以估计的创伤。在国内抗疫的过程中，我们能够看到人类的韧性在各个层面的展现。这让我们在对灾难所造成的伤害感到哀伤的同时，也看到了人类内在力量所带来的希望。在此背景下，中山大学心理学系集结本系师生的力量，从心理弹性的角度编写了本书，希望能够对与疫情相关的心理援助工作有所帮助。同时，系统梳理心理弹性的相关科学进展，为心理弹性和创伤应对研究提供可供学生学习的书籍。

本书将从三个层面来讨论与心理弹性相关的因素。第一部分，从个体的层面，分别从神经机制，个体的认知、行为、情感的过程机制，以及其他相关的弹性资源因素来进行阐述。第二部分，从群体的层面，阐述群体和家庭的弹性如何发挥作用。第三部分，从文化的层面，探讨文化因素，特别是中国文化如何作用于人们的心理弹性。

（王雨吟　潘俊豪）

### 参 考 文 献

ADGER W N, 2000. Social and ecological resilience: Are they related? [J]. Progress in Human Geography, 24 (3): 347-364.

AGAIBI C E, WILSON J P, 2005. Trauma, PTSD, and resilience: A review of the literature [J]. Trauma, Violence, & Abuse, 6 (3): 195-216.

American Psychiatric Association, 2013. Diagnostic and Statistical Manual of Mental Disorders [M]. 5th ed. Arlington, VA: American Psychiatric Association.

BERNSTON G C, CACCIOPPO J T, GARDNER W L, 1999. The affect system has parallel and integrative processing components: Form follows function [J]. Journal of Personality and Social Psychology, 76 (5): 839-855.

BONANNO G A, 2004. Loss, trauma, and human resilience: Have we underestimated the human capacity to thrive after extremely aversive events? [J]. American Psychologist, 59 (1): 20-28.

BONANNO G A, 2005. Resilience in the face of potential trauma [J]. Current Directions in Psychological Science, 14 (3): 135-138.

BONANNO G A, GALEA S, BUCCIARELLI A, et al, 2006. Psychological resilience after disaster: New York City in the aftermath of the September 11th terrorist attack [J]. Psychological Science, 17 (3): 181-186.

BONANNO G A, HO S M Y, CHAN J C K, et al, 2008. Psychological resilience and dysfunction among hospitalized survivors of the SARS epidemic in Hong Kong: A latent class approach [J]. Health Psychology, 27 (5): 659-667.

BRESLAU N, 2002. Epidemiologic studies of trauma, posttraumatic stress disorder, and other psychiatric disorders [J]. The Canadian Journal of Psychiatry, 47 (10): 923-929.

COURTOIS C A, 2004. Complex trauma, complex reactions: Assessment and treatment [J]. Psychotherapy, 41 (4): 412-425.

CREAMER M, BURGESS P, MCFARLANE A, 2001. Post-traumatic stress disorder: Findings from the Australian National survey of mental health and well-being [J]. Psychological Medicine, 31 (7): 1237-1247.

FLORIDA R, 2004. The Rise of the Creative Class [M]. New York, NY: Basic Books.

FRIBORG O, BARLAUG D, MARTINUSSEN M, et al, 2005. Resilience in relation to personality and intelligence [J]. International Journal of Methods in Psychiatric Research, 14 (1): 29-42.

GALLO L C, BOGART L M, VRANCEANU A M, et al, 2005. Socioeconomic status, resources, psychological experiences, and emotional responses: A test of the reserve capacity model [J]. Journal of Personality and Social Psychology, 88 (2): 386-399.

GARMEZY N, 1991. Resiliency and vulnerability to adverse developmental outcomes associated with poverty [J]. American Behavioral Scientist, 34 (4): 416-430.

GREVE W, STAUDINGER U M, 2006. Resilience in later adulthood and old age: Resources and potentials for successful aging [M] // CICCHETTI D, COHEN D J. Developmental Psychopathology: Risk, Disorder, and Adaptation. 2nd ed. New York: Wiley: 796-840.

HERMAN J L, 1992a. Complex PTSD: A syndrome in survivors of prolonged and repeated trauma [J]. Journal of Traumatic Stress, 5 (3): 377-391.

HERMAN J L, 1992b. Trauma and Recovery: The Aftermath of Violence—From Domestic to Political Terror [M]. New York, NY: Basic Books.

HOGE E A, AUSTIN E D, POLLACK M H, 2007. Resilience: Research evidence and conceptual considerations for posttraumatic stress disorder [J]. Depression and Anxiety, 24 (2): 139-152.

HOLLING C S, SCHINDLER D W, WALKER B W, et al, 1995. Biodiversity in the functioning of ecosystems: An ecological synthesis [M] // PERRINGS C, MALER K G, FOLKE C, et al. Biodiversity and Loss: Economic and Ecological Issues. Cambridge, UK: Cambridge University Press: 44-83.

MASTEN A S, 2001. Ordinary magic: Resilience processes in development [J]. American Psychologist, 56 (3): 227-238.

NORRIS F H, 1992. Epidemiology of trauma: Frequency and impact of different potentially traumatic events on different demographic groups [J]. Journal of Consulting and Clinical Psychology, 60 (3): 409-418.

ROGERS C R, 1977. Carl Rogers on Personal Power [M]. London: Constable.

RUTTER M, 1987. Psychosocial resilience and protective mechanisms [J]. American Journal of Orthopsychiatry, 57 (3): 316-331.

STEIN M B, WALKER J R, HAZEN A L, et al, 1997. Full and partial posttraumatic stress disorder: Findings from a community survey [J]. American Journal of Psychiatry, 154 (8): 1114-1119.

STONE A A, NEALE J M, 1982. Development of a methodology for assessing daily experiences [M] // BAUM A, SINGER J. Advances in Environmental Psychology: Environment and Health: Volume 4. Hillsdale, NJ: Lawrence Erlbaum: 49-83.

YEHUDA R, 2004. Risk and resilience in posttraumatic stress disorder [J]. The Journal of Clinical Psychiatry, 65 (Suppl. 1): 29-36.

ZAUTRA A J, 2003. Stress, Emotions, and Health [M]. New York, NY: Oxford University Press.

ZAUTRA A J, HALL J S, MURRAY K E, 2010. Resilience: A new definition of health for people and communities [M] // REICH J W, ZAUTRA A J, HALL J S. Handbook of Adult Resilience. New York, NY: Guilford Press: 3-29.

# 第 2 章 心理弹性的脑机制

一个或多个突发且不可预测的灾难性、强烈性威胁事件（比如严重的交通事故，军事战争等暴力事件，地震、台风等自然灾害），不仅会对个人的生理功能造成严重损伤，还会从多个方面对个体的身心健康造成不良影响，甚至还可能引发严重的心理痛苦及精神障碍，并且长期存在。

创伤后应激障碍是创伤事件发生后最常见的精神障碍之一。PTSD，是指遭受过强烈的精神创伤或经历了重大生活事件后发生的延迟性精神病理性反应的一类应激障碍。PTSD 患者的主要临床表现可分为三种：第一种为反复体验创伤性事件，如侵入性的回忆和反复出现的噩梦；第二种为保护性的回避反应，如回避与创伤相关的刺激、具有较少的人际交往、丧失兴趣、选择性遗忘创伤、对未来无自信等；第三种为高度警觉的症状，如惊跳反应和过度警觉、精神警惕性提高、焦躁、易怒、睡眠障碍（张红、李金瑞、吴美真，2017）。而心理弹性能够对个体起到保护作用，经历创伤事件后，心理弹性水平较低的患者更容易患上 PTSD，而那些拥有较高水平的心理弹性的患者能够在创伤后逐渐恢复并适应良好。

以往有关心理弹性的研究主要是通过问卷调查和访谈的方式进行，直接对心理弹性的行为表现进行概括性的描述，并探讨心理弹性与其他行为变量之间的关系。近些年来，随着功能性磁共振成像（functional magnetic resonance imaging，fMRI）、正电子发射断层显像（positron emission tomography，PET）等神经影像学技术的发展，心理学研究者对心理弹性的研究重点已经不再局限于探讨心理弹性的不同行为表型，而逐渐转向对其进行神经机制方面的探索。心理弹性相关的神经机制研究最开始主要关注于相关的脑区，探索人脑中哪些脑区参与了与心理弹性相关的活动。后来人们认识到人脑是一个复杂的系统，心理弹性特质不可能由单一的脑区或者多个脑区各自加工完成,而应该是由不同脑区相互关联,共同执行或者掌管此功能,从而提出了从神经回路和脑网络的角度去探究心理弹性的神经机制。本章将从脑区、神经回路和脑网络三个方面逐渐深入地介绍目前取得的一些初步的研究成果。这些研究不仅能够加深我们对心理弹性的脑机制的理解,还为我们进一步增强个人的心理弹性能力提供了理论基础。

## 一、与心理弹性相关的脑区

在进行与心理特质相关的脑科学研究时,考察与之相关的脑区往往是探索的第一步。研究与心理弹性相关的脑区,可以帮助我们了解哪些脑区可能与心理弹性相关,心理弹性水平高或者低的个体,其脑区结构或功能又有什么差异,以及这些脑区的差异是如何跟外显行为表现联系起来的;同时,初步探索与心理弹性相关的脑区,还能为我们理解这些脑区所参与的复杂神经回路和网络与心理弹性之间的关系做一定的铺垫。

目前,针对与心理弹性相关的脑区的探索,大多是将对健康个体进行fMRI扫描的结果与心理弹性量表(Connor-Davidson Resilience Scale,CD-RISC)得分相结合的研究,以及对有无PTSD的个体进行的对照研究。已发现的关于心理弹性的脑区主要集中在额叶(frontal lobe)、顶叶(parietal lobe)、扣带回(cingulate gyrus)、杏仁核(amygdala)和海马(hippocampus)等区域。(见图2-1)

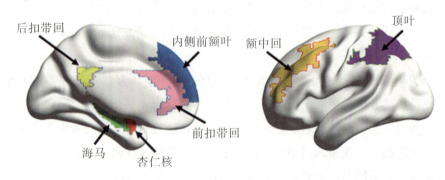

图2-1 人类左脑的内外侧视

## (一) 额叶

就心理弹性的脑影像研究而言，前额叶皮层（prefrontal cortex，PFC）一直是关注的重点。它在个体的情绪调节、压力应对及行为协调等过程中发挥着重要作用，该区域能对来自外界的恐怖刺激信息做出适应性的行为反应。其中，内侧前额叶皮层则是通过减少杏仁核反应来进行情绪调节的高级脑区。

有学者在综合整理心理弹性的神经影像学文献后，提出内侧前额叶皮层（medial prefrontal cortex，mPFC，见图2-1）在个体心理弹性的神经基础中扮演重要角色（van der Werff, et al., 2013）。一项针对PTSD患者fMRI研究的元分析显示，相较于健康个体，遭遇创伤后最终没有发展成为PTSD的个体（高弹性个体），其内侧前额叶皮层往往会表现出更高程度的大脑激活水平，而那些最终发展成为PTSD的个体（低弹性个体），其内侧前额叶皮层活跃程度则相对较弱（Patel, et al., 2012）。这说明弹性高的个体能更好地发挥前额叶皮层在注意控制、情绪调节等心理过程中的作用，因而能在应对创伤的过程中较好地抑制住对负性刺激的过度关注，也能更好地调整好自己的情绪状态，帮助个体从创伤事件中尽快恢复过来。

另外，额叶皮层中的额中回（middle frontal gyrus，MFG，见图2-1）亦是心理弹性的重要脑区。额中回主要参与大脑执行控制和工作记忆的过程，过高的额中回激活往往意味着个体有更高的抑制不受欢迎的记忆的需求。

在结构方面，相较于健康个体，PTSD患者额中回的灰质体积往往会更小（O'Doherty, et al., 2017）；在脑区功能方面，PTSD个体的右侧额中回在任务态下的激活程度比健康个体更高（Patel, et al., 2012）。纵向追踪研究已经证实，两年后PTSD症状的改善程度与右侧额中回区域活跃程度的降低有关（Ke, et al., 2016）。上述研究结果可能说明，那些更容易从创伤中恢复过来的个体，即高弹性个体，随着PTSD症状，尤其是侵入性记忆症状程度的改善,其对创伤记忆的认知控制需求也会降低,因而该脑区的激活程度也随之降低。

## (二) 顶叶

顶叶(见图2-1)是个体执行控制能力的关键脑区,与认知控制、注意控制能力、工作记忆和计划等功能密切相关。个体心理弹性的差异可能与顶叶皮层结构和功能的改变相关。

在结构方面,健康个体的顶叶形态学差异被认为与个体的心理弹性水平有关(Gupta, et al., 2017)。另外,研究者还发现创伤经历与顶叶皮层的功能衰退有关,与健康个体相比,患有与童年创伤相关的PTSD个体在情绪记忆提取任务中,其顶叶皮层激活程度会更低(Bremner, et al., 2003)。通常我们会认为,高弹性个体有着更好的执行控制能力,在处理环境中的威胁信息时能保持更好的内稳态,从而对应激事件做出适应性的反应;而低心理弹性个体则与之相反。上述研究结果说明,心理弹性较低的个体,可能会出现顶叶皮层的器质性和功能性受损,进而影响到顶叶皮层发挥正常的工作记忆和注意控制能力,破坏了内部稳态,使得个体容易在应对创伤的过程中过多地关注威胁性刺激,表现出过度警觉的状态。

## (三) 扣带回

扣带回可以分为前扣带回(anterior cingulate cortex, ACC, 见图2-1)和后扣带回(posterior cingulate cortex, PCC, 见图2-1)。一般认为,前扣带回在情绪调节和认知控制中发挥着重要作用,而后扣带回则与自传体记忆、自我加工等心理过程有关。

对早期PTSD患者进行的研究表明,相较于遭遇创伤但没有转变为PTSD的患者,那些遭遇创伤后最终演变为PTSD的患者,其前扣带回和后扣带回的厚度会更薄(Qi, et al., 2013)。纵向追踪PTSD患者的研究显示,患者组的症状改善程度与前扣带回区域在记忆提取任务中的激活程度呈正相关(Dickie, et al., 2011),与前扣带回厚度呈正相关(Dickie, et al., 2013)。这些证据在一定程度上表明扣带回结构与功能的差异可能与心理弹性的个体差异有关。高弹性个体的扣带回往往更为发达,在应对压力事件的过程中,他们更有可能进行有效的情绪调节,更有可能较少地将环境中的负面信息与自己相联系,从而更容易从创伤中复原。

(四) 杏仁核

杏仁核(见图2-1)的结构和功能改变被证明与心理弹性有关。杏仁核在情绪唤醒、情绪加工及条件化恐惧中起着重要作用,而杏仁核的过度激活则与抑制控制和对恐惧信息调节的能力降低有关。

在脑结构方面,一般来说,健康个体的心理弹性越高,其右侧杏仁核的灰质体积越大(Gupta, et al., 2017),而在那些遭遇童年创伤的青少年个体中,他们的杏仁核体积往往会更小(Edmiston, et al., 2011)。在脑功能方面,元分析发现PTSD组的杏仁核常常会呈现出过度激活的状态,这被认为跟创伤经历所带来的继发性改变有关(Patel, et al., 2012)。综合来看,弹性高的个体往往有着更为强大的杏仁核,他们能更好地处理一些负面信息,调整自己的情绪状态,从而降低自身受到创伤并经历长期负面影响的风险。值得注意的是,有研究已经发现,PTSD患者中的杏仁核激活程度越高,其接受认知行为疗法的改善效果也就越差(Felmingham, et al., 2007)。

(五) 海马

海马(见图2-1)是调节恐惧反应的关键脑区,对准确区分情境中的安全信号和危险信号具有重要作用。心理弹性较低的个体可能有"灾难化"的思维倾向,容易把中性的刺激知觉为危险刺激,或是很难在情境中区分出安全或危险的刺激信息,而这一缺陷与人脑中较小的海马体积相关。

有研究者发现,遭遇早期压力事件的儿童,其海马体积往往会更小(Hanson, et al., 2015)。而那些参与延长暴露疗法能有所成效的PTSD

患者，其海马体积相较于其他患者通常会更大，这可能是由于其海马消除恐惧的能力更强，因而疗效更好（Rubin, et al., 2016）。在功能像中，低心理弹性的PTSD个体，其海马活跃程度的基线水平往往会更高（Shin, et al., 2004），而过高的海马激活水平则可能会导致个体将一些中性、非威胁性的刺激知觉为危险信号，或是对危险信息做出过度反应，让自己处于一种高度警觉的状态，这样一来，个体在遭遇压力事件的过程中，往往也会更多地关注环境中的负性信息，难以在压力适应的过程中表现出弹性的心理状态。

除了上述提到的脑区，还有其他诸如岛叶（insular cortex）、下丘脑（hypothalamus）等大脑结构，它们也参与到心理弹性的神经机制中。综合来看，目前研究关注的脑区大多与注意控制、情绪调节等心理过程紧密相关，而这些心理过程恰恰是心理弹性内在机制的核心组成部分。除了单个脑区的作用，脑区之间错综复杂的神经回路也在心理弹性的神经机制中扮演着重要角色，下面我们将介绍与心理弹性相关的神经回路。

## 二、与心理弹性相关的神经回路

神经回路，是指通过突触相互连接，共同执行特定功能的神经元集群。也就是说，神经回路既是解剖实体又是功能实体。这些共同执行某种功能的神经元集群，是大脑内信息处理的基本单位。越来越多的研究发现，个体的成长环境和经历在一定程度上影响神经回路的可塑性，这体现在一些神经回路的个体差异上（Poldrack, 2000）。

心理弹性的个体差异体现在多种心理功能上，如对奖励产生兴奋的程度、对恐惧刺激产生的情绪反应程度，以及能否较好地调节恐惧情绪等。这些心理功能涉及各种各样的神经回路。在本章中，我们将主要讨论两个与心理弹性极其相关的神经回路：奖赏回路（见图2-2a）和恐惧回路（见图2-2b）。我们将从神经回路中的脑区和神经递质的角度，来了解这两个神经回路，并探讨这两个神经回路与心理弹性之间的关系。

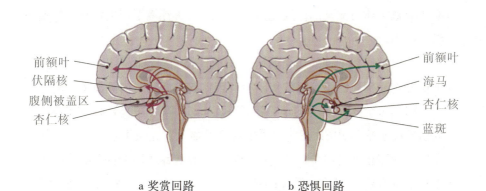

a 奖赏回路　　　　b 恐惧回路

**图 2-2　奖赏回路和恐惧回路中的脑区及相关神经递质**

注：奖赏回路中的线表示多巴胺通路，来自腹侧被盖区；恐惧回路中的线表示去甲肾上腺素通路，来自蓝斑。

## （一）奖赏回路

奖赏回路（见图 2-2a）主要包括伏隔核、杏仁核、中脑腹侧被盖区和部分前额叶脑区（Feder, Nestler, & Charney, 2009）。奖赏回路是跟突显激励（如动机、欲望、追求奖励）、关联学习（正强化和经典条件反射）和积极情绪（尤其是以愉悦为核心成分的情绪：喜悦、欢喜、狂喜）相关的一组神经结构。其中，前额叶脑区通过同时作用于杏仁核和伏隔核，自上而下地调节情绪反应；伏隔核则调节个体对自然奖励的反应，是调节药物滥用和成瘾行为的关键奖赏区域。

研究发现，相较于健康个体，PTSD 患者在面对奖赏性刺激物时，内侧前额叶皮层的活动强度会降低（Sailer, et al., 2008），这一脑区的异常活动被认为是 PTSD 的重要标志物。相似地，PTSD 患者在面对奖赏刺激时，伏隔核的活动强度也会下降（Wacker, Dillon, & Pizzagalli, 2009）。经历过痛苦的事件后，PTSD 患者体验这些跟奖赏相关的心理过程的能力会下降，而心理弹性较强的个体对奖赏的体验能力并不会因痛苦的经历而丧失。奖赏系统中相关脑区（包括前额叶皮层和伏隔核等）的异常激活，可能是导致个体对奖赏的体验能力丧失，在高压环境下产生各类精神疾病的潜在原因。

有关奖赏回路中神经递质的研究发现，腹侧被盖区可以产生多巴胺，并把信号传递到边缘系统里的伏隔核及杏仁核、海马、内侧前额叶皮层等脑区，以调节个体对压力的情绪反应。Yehuda等（1992）发现 PTSD 患者的多巴胺水平与 PTSD 症状的严重程度呈显著负相关关系。另外，某种与多巴胺代谢相关的遗传成分（DRD2），被认为跟 PTSD 的表达及症状的严重程度都有着密切的关系（Lawford，et al.，2006）。由此，我们认为，奖赏回路（包括脑区或者相关神经递质的表达）上的个体差异能在一定程度上反映个体面对压力时的心理弹性。一旦面对较大的压力事件，低心理弹性的个体就会患上比较严重的精神疾病。接下来，我们再来讨论跟个体产生恐惧反应有关的神经回路，以及这个回路与心理弹性之间的关系。

## （二）恐惧回路

个体产生恐惧反应的神经回路（见图 2-2b）主要包括杏仁核、海马、伏隔核、腹内侧下丘脑中脑导水管周围灰质、丘脑、岛叶及其他一些脑干核团和一些前额叶区域（主要是边缘下皮层）（Feder，Nestler，& Charney，2009）。恐惧性刺激被感觉器官接收后，会由知觉皮层经过丘脑传递到杏仁核。经典的恐惧模型研究认为，杏仁核对学习和记忆的形成起着重要的作用。海马除了与陈述性记忆的形成有关，还能广泛调节包括恐惧在内的多种情绪行为。前额叶皮层由多个区域（如背外侧前额叶皮层、内侧前额叶皮层和眼窝前额叶皮层等）组成，这些区域各自有着独特的功能，在个体试图调节自身的情绪状态时，都至关重要。

Charney（2004）的研究发现，较强的心理弹性能在一定程度上减少个体对恐惧刺激的反应，加强个体对积极性记忆的巩固，并消除个体跟恐惧相关的记忆。相对于心理弹性较强的健康个体而言，PTSD 患者在观看恐惧刺激时，其杏仁核会被过度激活，腹内侧前额叶皮层和海马的激活程度则较低（Etkin & Wager，2007）。研究者推测，这可能是个体夸大地知觉了恐惧刺激，从而导致无法自上而下地抑制恐惧的产生。除此之外，背侧前扣带回和岛叶能够在一定程度上调节健康个体对恐惧性刺激的反应。相似地，这些与恐惧回路相关的脑区在PTSD患者中也发现了异常。

PTSD的侵入性症状，即个体对创伤事件的反复回忆，以及非自愿的和侵入的痛苦记忆，被认为与个体神经系统中的突触重塑过程有关。脑源性神经营养因子（brain-derived neurotrophic factor，BDNF），可以产生于大脑的各个区域，包括杏仁核、海马、前额叶皮层和基底前脑，参与突触重塑过程（Nestler, et al., 2002）。研究发现，PTSD患者存在BDNF分泌异常的症状。相似地，血清素也可以广泛产生于不同的脑区，该递质传递到不同的受体，能分别增加或抑制焦虑（Hasler, et al., 2004）。有研究发现，不少PTSD患者在服用选择性血清素再摄取抑制剂后，病情有了一定程度的改善（Berger, et al., 2009）。另外，长期处于压力状态下，个体的脑干核团会释放大量的去甲肾上腺素，这种神经递质也跟恐惧记忆的形成有关。Yehuda等（1992）对比了患有PTSD的男性越战退伍军人和正常男性的去甲肾上腺素浓度后，发现PTSD住院患者的去甲肾上腺素与PTSD症状的严重程度呈显著负相关关系。这些证据表明，除了奖赏系统，恐惧回路包含的相关脑区，以及其中的神经递质的异常活动，也可能与个体的低心理弹性特质有关。在这些回路中出现神经活动异常的个体，一旦面临较大的环境压力，就很可能会患上较严重的精神疾病。

目前为止，我们已经从人脑的部分脑区及神经回路水平了解了与心理弹性相关的神经机制。接下来，我们将从一个更宏观的角度，来看心理弹性的个体差异是怎样被脑网络所捕获的。

## 三、与心理弹性相关的脑网络

脑网络可以看作由节点（node）和边（edge）所构成的人脑图谱（brain graph）。节点可以是单个的神经元（微尺度，microscale）、神经元集群（中间尺度，mesoscale）和大脑脑区（大尺度，macroscale），这取决于测量技术。由于现有测量技术的限制，目前的研究主要是大尺度的脑网络研究，即网络中的节点代表比较宏观的结构，比如不同的脑区。尽管人脑的每个脑区都有其相对独特的功能，但是当个体完成一个特定的行为和认知任务时，往往需要人脑多个不同脑区的相互作用和相互协调共同发挥其功能，即大脑的功能执行总是依赖于多个脑区之间的相互作用和功能整合（Varela, et al., 2001）。研究脑网络能够帮助我们从全局的角度去更好地理解不同脑区及不同网络之间的信息交换和动态功能整合的情况。

根据边性质的不同，可以将脑网络划分为结构连接网络和功能连接网络。因为较少研究心理弹性与结构连接网络之间的关联，下面我们将主要介绍与心理弹性相关的人脑功能连接网络。功能连接网络中的功能连接（边），是指于空间上分离的脑区（节点）的神经活动在时间上的关联性或统计依赖关系（梁夏、王金辉、贺永，2010）。功能连接的强弱反映不同脑区或网络的神经活动同步性的高低。神经活动同步性高的脑区之间会存在较强的功能连接，反映出脑区之间存在密切的信息交换。功能连接强的一系列脑区会共同构成一个功能模块。功能模块间连接的强弱程度反映不同模块之间信息交换及相互作用的程度。两个模块之间的功能连接越强，代表这两个模块之间相互作用及信息交换的程度越高。

### （一）默认网络和突显网络

基于人脑功能网络，研究者们已经发现了大约8种不同功能类型的功能模块。其中，默认网络（default-mode network，DMN）和突显网络（salience network，SN）在心理弹性中参与较多。

默认网络的核心脑区包括后扣带回（PCC）、内侧前额叶皮层（mPFC）、角回（angular gyrus，AG）、外侧颞叶（bilateral lateral temporal cortex，LTC）（见图2-3a）（Raichle, et al., 2001）。默认网络的功能可以概括为支持个体的内部心理活动（自我参照）、监控内外部刺激、情绪调节、记忆、决策等多种重要的生存技能。

突显网络的核心脑区包括背侧前扣带回（dorsal anterior cingulate cortex, dACC)、前脑岛（anterior insula, AI）、杏仁核（见图 2 - 3b）（Seeley, et al., 2007）。突显网络的主要功能可以概括为探测新异刺激，对刺激进行识别和筛选，进行注意分配，进而促进个体对内外部刺激做出相应的反应，同时，也参与情绪加工等社会性行为。因为突显网络在探测和识别新异刺激方面起着关键作用，因此，它对个体维持"稳态"至关重要。

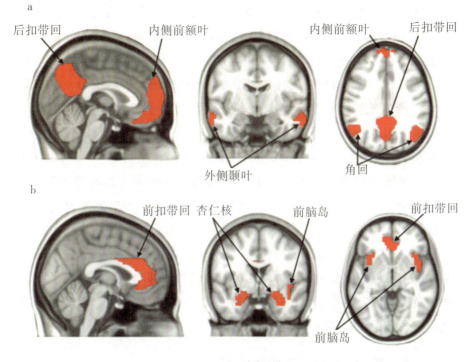

图 2 - 3　默认网络核心脑区（a）和突显网络核心脑区（b）的位置

当个体在执行与认知相关的任务时（比如，完成一道数学题），任务刺激会被突显网络所察觉，前脑岛（特别是大脑右侧前脑岛）会对任务相关的信息进行处理，并且释放控制信号作用于与执行控制功能有关的网络，同时，抑制默认网络的活动；当个体进入静息状态时（比如，个体进入放松状态），突显网络会释放控制信号来作用于默认网络，使默认网络的活动增强，同时，抑制与执行控制功能有关的网络活动（Menon,

2011）。突显网络对内外部刺激进行有效识别并释放正确的控制信号来调控默认网络的活动是个体维持正常社会功能的关键。

## （二）心理弹性个体差异的脑网络基础

Brunetti 等（2017）的研究发现，心理弹性分数与默认网络和突显网络之间的连接强度呈负相关关系，即个体心理弹性量表得分越高，默认网络的内侧前额叶皮层与突显网络的核心节点之间的网络间功能连接则越低。在 2018 年的一项实验研究中，研究者通过要求实验参与者（participant）完成急性压力任务来引发参与者所感知到的压力，并根据参与者在心理弹性量表上得分的高低将参与者划分成高、低弹性组。研究发现，相对于低弹性组，高弹性组在压力减轻后的恢复期，默认网络内的左侧膝下前扣带回（subgenual anterior cingulate cortex，sgACC）节点与突显网络内的右侧前脑岛节点之间的连接减弱（暂时的去连接）(Shao, et al., 2018)。该研究者认为，在创伤或压力后的恢复期，高弹性个体为调节急性的负面情绪反应，默认网络与突显网络之间可能需要暂时的去连接，以缓解强烈的应激水平及情绪反应所带来的不良影响。一个可能的解释是，高弹性个体具有较强的抑制功能，避免了网络间的过度激活，减缓了创伤对大脑的巨大冲击。由此可见，心理弹性的高低与所需网络之间良好的交互有关。

## （三）PTSD 患者的脑网络异常

那么，相比起健康个体，心理弹性较差的 PTSD 患者的大脑功能网络是否存在某些异常？有研究者对因经历过机动车事故而患上 PTSD 的患者及健康对照组的静息态功能网络的特征属性进行了分析和组间比较。研究发现，相对于健康对照组，PTSD 患者网络内功能连接与网络间功能连接都存在显著异常。在网络内功能连接中，PTSD 患者在默认网络、突显网络、感觉运动网络和听觉网络内部的功能连接显著降低。在网络间功能连接中，PTSD 患者在突显网络和后部默认网络之间的功能连接显著增强

(Zhang, et al., 2015)。

PTSD 患者的默认网络内的内侧前额叶皮层和后扣带回之间功能连接的降低，反映出 PTSD 患者内侧前额叶皮层与后扣带回之间信息交换的程度减弱，这一异常可能和 PTSD 患者在自我参照、自我认知及情绪加工过程中出现异常有关，包括出现负性的自我认知（比如，认为自己很差劲，未来没有希望，觉得自己被其他人孤立了等）和负性的社会情绪（包括快感缺失、社交回避、情感麻木等）。PTSD 患者的突显网络内的核心区域——前扣带回内部的功能连接减弱，反映出患者前扣带回内部的信息沟通过程受损，可能会导致患者无法对内外部刺激进行准确的识别和判断（比如，容易把安全或中性的刺激识别为危险刺激），进而引发患者对创伤性事件相关刺激的持续高度唤醒。同时，突显网络内功能连接异常也和 PTSD 患者不能对负性情绪进行有效调节有关。PTSD 患者默认网络和突显网络间功能连接出现异常，反映出 PTSD 患者的默认网络与突显网络之间的交互出现异常或失衡，可能会导致个体无法在任务态与静息态之间进行正常切换，很容易对外部刺激产生应激反应，最终导致患者出现高度警觉性症状，比如过度警觉、精神警惕性提高、焦躁、易怒（Sripada, et al., 2012）。此外，默认网络和突显网络之间增加的功能连接被认为与焦虑水平增加相关（Dennis, et al., 2011）。

综上所述，参与个体对自我的认知、情绪加工及内外部信息整合的默认网络，以及在情绪调节和个体对内外部刺激的探测加工中起着重要作用的突显网络，是与心理弹性密切相关的两大功能网络。同时，默认网络与突显网络之间的良好交互也和心理弹性有关。默认网络和突显网络的内部活动及二者之间的交互是否正常也是心理弹性存在个体差异的一个可能的内在原因。

## 四、干预措施对大脑的影响

既然心理弹性能够帮助个体更好地应对生命中的挫折和创伤，那么有没有什么方法可以帮助我们每个人提高自己的心理弹性呢？下面简单介绍两种常用的、有效的干预策略。这些策略在已有的认知神经科学研究中，被证实能够有效提高个体的心理弹性、改善个体在创伤事件下的负性体验。

### （一）认知行为疗法：改变错误的认知方式

认知行为疗法（cognitive behavioral therapy，CBT），是一种通过改变患者认知来直接干预和指导患者行为的心理治疗手段，常常被用来帮助个体应对生活中出现的压力事件，也是常用来治疗 PTSD 的一种干预手段。其作用机制主要是通过帮助个体找出在压力情境下，导致其焦虑、抑郁等适应不良的错误认知方式，让个体对自我进行重新审视，从而改变不良认知，做出适应性的行为反应，逐渐提高心理弹性，最终实现对逆境的积极应对（Clark & Beck，2010）。

脑科学研究表明，认知行为疗法能够作用于个体的负性情绪调节和恐惧消退的神经机制（Porto，et al.，2009）。接受认知行为疗法能够显著降低个体杏仁核的活跃程度，提高前额叶的功能活性，并增加背外侧前额叶皮层的灰质体积，而这些脑区及其涉及的神经回路、脑网络都在个体的心理弹性神经机制中扮演着重要角色。

具体来看，有研究发现，那些接受认知行为疗法后能改善 PTSD 症状的个体，其前扣带回的灰质体积往往会更大（Bryant，et al.，2008），而前扣带回正是与心理弹性相关的重要脑区，这意味着认知行为疗法可能会通过影响前扣带回的方式，提高个体的心理弹性，从而帮助 PTSD 患者改善症状。同样，在一项对 PTSD 患者进行为期半年的认知行为疗法的研究中，个体干预前后的治疗效果被证实与杏仁核的活动减少有关（Felmingham，et al.，2007）。如前所述，杏仁核在恐惧加工中具有重要作用，而认知行为疗法能够帮助个体改善一些错误的认知方式，降低个体把一些中性刺激知觉为威胁刺激的可能性，抑制住杏仁核的恐惧反应，从而增强个体的心理弹性。

综合上述研究，我们可以发现，认知行为疗法能够通过作用于与心理弹性相关的神经机制，改善个体在应对压力性事件中出现的非适应性症状，帮助个体更好地应对压力，增强心理弹性。

(二) 正念冥想训练：不评判地接纳当下

正念冥想训练的目的，是帮助人们提高注意控制能力，并将注意转移到当下，而不是过去或未来，强调对此时此刻的内外部刺激的持续注意和不加评判地接纳情绪。通过使人们关注当前的想法和情绪来减轻沉思过去或担心未来的压力的心理负担，并且通过加强注意控制能力，可以帮助个体改善注意资源的分配，这对情绪调节和积极应对很重要。有研究发现，正念对缓解慢性疼痛，缓解抑郁、焦虑症状，提高个体的有效情绪调节能力，提升幸福感也有着重要作用（Brown, et al., 2009; Foley, et al., 2010; Goldin & Gross, 2010）。

通过探究PTSD患者本身的正念水平，许多研究发现了正念与心理弹性之间高度关联的关系。Bernstein、Tanay和Vujanovic（2011）发现，个体的正念水平越高，即对当下的关注越多，在经历创伤后，出现PTSD相关症状（如焦虑性唤起和快感缺失等）的可能性越低。张伊等（2019）的研究也有相似的发现，相较于正念水平低的救援工作者，正念水平越高的救援工作者患上PTSD的概率越低。这可能是因为，正念水平高的个体可以更有效地知觉到自身以外的事物，这使他们对外界的关怀与认可更为敏感，可以感知到更多的支持，从而缓解PTSD症状。不少研究者开始把正念冥想训练用于治疗PTSD患者。一项针对患有PTSD的退伍军人的干预研究（Kearney, et al., 2012）发现，6个月的正念减压治疗，能显著降低患者的PTSD症状、抑郁症状及经验性回避得分。

正念冥想训练对个体的大脑会产生哪些变化呢？Zeidan等（2011）对比了个体在接受冥想训练前后对疼痛刺激的主观感受及脑区活动的变化。分析结果显示，对健康个体进行4次正念冥想训练后，正念冥想显著降低了57%的疼痛不适感和40%的疼痛强度评级。fMRI分析结果显示，正念所带来的疼痛感的减少与前扣带回、前脑岛的活动增强有关，前扣带回和前脑岛是参与认知和调节伤害性感受的重要脑区。与情绪相关的研究发现，正念与前额叶皮层的活动增强及杏仁核的活动减弱有关，杏仁核的激活程度下降说明正念减少了个体对情绪刺激的反应，前额叶皮层的活动增强在一定程度上反映了正念对负性情绪的调节作用（Goldin & Gross, 2010；Guendelman, Medeiros, & Rampes, 2017）。

这些证据说明，正念冥想训练可能是治疗PTSD症状的一种有效的手法。这可能是通过影响与注意认知及情绪有关的脑区的活动而产生效用的。将来的研究可以使用正念冥想训练干预PTSD，并且利用相关的影像技术记录相关大脑结构或功能的变化，来验证这一假设。

## 五、总结

目前，关于心理弹性的脑机制研究还处于初步的探索阶段。根据现有文献，本章主要从脑区、神经回路和脑网络三个维度进行总结，发现与心理弹性相关的大脑区域主要有顶叶皮层、额叶皮层、前扣带回、杏仁核和海马等脑区，在神经回路方面，主要涉及奖赏回路和恐惧回路，而神经网络的研究发现则主要集中在默认网络和突显网络上。值得注意的是，内侧前额叶皮层、前扣带回、杏仁核等脑区也在神经回路和神经网络中不断发挥作用，这说明，各脑区、回路和脑网络之间相互联系，在心理弹性的神经机制中以综合的方式起作用，共同构成了心理弹性的神经基础。另外，我们发现，认知行为疗法和正念冥想这两种干预手段能通过作用于心理弹性的神经机制，有效提高个体心理弹性，帮助其更好地应对压力事件。

（代政嘉　郭小童　吴睿贞　李良芳）

## 参 考 文 献

BERGER W, MENDLOWICZ M V, MARQUES-PORTELLA C, et al, 2009. Pharmacologic alternatives to antidepressants in posttraumatic stress disorder: A systematic review

[J]. Progress in Neuro-Psychopharmacology and Biological Psychiatry, 33 (2): 169-180.

BERNSTEIN A, TANAY G, VUJANOVIC A A, 2011. Concurrent relations between mindful attention and awareness and psychopathology among trauma-exposed adults: Preliminary evidence of transdiagnostic resilience [J]. Journal of Cognitive Psychotherapy: An International Quarterly, 25 (2): 99-113.

BREMNER J D, VYTHILINGAM M, VERMETTEN E, et al, 2003. Neural correlates of declarative memory for emotionally valenced words in women with posttraumatic stress disorder related to early childhood sexual abuse [J]. Biological Psychiatry, 53 (10): 879-889.

BROWN K W, KASSER T, RYAN R M, et al, 2009. When what one has is enough: Mindfulness, financial desire discrepancy, and subjective well-being [J]. Journal of Research in Personality, 43 (5): 727-736.

BRUNETTI M, MARZETTI L, SEPEDE G, et al, 2017. Resilience and cross-network connectivity: A neural model for post-trauma survival [J]. Progress in Neuro-Psychopharmacology and Biological Psychiatry, 77: 110-119.

BRYANT R A, FELMINGHAM K, WHITFORD T J, et al, 2008. Rostral anterior cingulate volume predicts treatment response to cognitive-behavioural therapy for posttraumatic stress disorder [J]. Journal of Psychiatry & Neuroscience: JPN, 33 (2): 142.

BULLMORE E, SPORNS O, 2009. Complex brain networks: Graph theoretical analysis of structural and functional systems [J]. Nature Reviews Neuroscience, 10 (3): 186-198.

CHARNEY D S, 2004. Psychobiological mechanisms of resilience and vulnerability: Implications for successful adaptation to extreme stress [J]. American Journal of Psychiatry, 161 (2): 195-216.

CLARK D A, BECK A T, 2010. Cognitive theory and therapy of anxiety and depression: Convergence with neurobiological findings [J]. Trends in Cognitive Sciences, 14 (9): 418-424.

DENNIS E L, GOTLIB I H, THOMPSON P M, et al, 2011. Anxiety modulates insula recruitment in resting-state functional magnetic resonance imaging in youth and adults

[J]. Brain Connectivity, 1 (3): 245-254.

DICKIE E W, BRUNET A, AKERIB V, et al, 2011. Neural correlates of recovery from post-traumatic stress disorder: A longitudinal fMRI investigation of memory encoding [J]. Neuropsychologia, 49 (7): 1771-1778.

DICKIE E W, BRUNET A, AKERIB V, et al, 2013. Anterior cingulate cortical thickness is a stable predictor of recovery from post-traumatic stress disorder [J]. Psychological Medicine, 43 (3): 645-653.

EDMISTON E E, WANG F, MAZURE C M, et al, 2011. Corticostriatal-limbic gray matter morphology in adolescents with self-reported exposure to childhood maltreatment [J]. Archives of Pediatrics & Adolescent Medicine, 165 (12): 1069-1077.

ETKIN A N D, WAGER T D, 2007. Functional neuroimaging of anxiety: A meta-analysis of emotional processing in PTSD, social anxiety disorder, and specific phobia [J]. American Journal of Psychiatry, 164 (10): 1476-1488.

FEDER A, NESTLER E J, CHARNEY D S, 2009. Psychobiology and molecular genetics of resilience [J]. Nature Reviews Neuroscience, 10 (6): 446-457.

FELMINGHAM K, KEMP A, WILLIAMS L, et al, 2007. Changes in anterior cingulate and amygdala after cognitive behavior therapy of posttraumatic stress disorder [J]. Psychological Science, 18 (2): 127-129.

FOLEY E, BAILLIE A, HUXTER M, et al, 2010. Mindfulness-based cognitive therapy for individuals whose lives have been affected by cancer: A randomized controlled trial [J]. Journal of Consulting and Clinical Psychology, 78 (1): 72-79.

GOLDIN P R, GROSS J J, 2010. Effects of mindfulness-based stress reduction (MBSR) on emotion regulation in social anxiety disorder [J]. Emotion, 10 (1): 83-91.

GUENDELMAN S, MEDEIROS S, RAMPES H, 2017. Mindfulness and emotion regulation: Insights from neurobiological, psychological, and clinical studies [J]. Frontiers in Psychology, 8: 220.

GUPTA A, LOVE A, KILPATRICK L A, et al, 2017. Morphological brain measures of cortico-limbic inhibition related to resilience [J]. Journal of Neuroscience Research, 95 (9): 1760-1775.

HANSON J L, NACEWICZ B M, SUTTERER M J, et al, 2015. Behavioral problems after early life stress: Contributions of the hippocampus and amygdala [J]. Biological Psychiatry, 77 (4): 314-323.

HASLER G, DREVETS W C, MANJI H K, et al, 2004. Discovering endophenotypes for major depression [J]. Neuropsychopharmacology, 29 (10): 1765-1781.

KE J, ZHANG L, QI R, et al, 2016. A longitudinal fMRI investigation in acute post-traumatic stress disorder (PTSD) [J]. Acta Radiologica, 57 (11): 1387-1395.

KEARNEY D J, MCDERMOTT K, MALTE C, et al, 2012. Association of participation in a mindfulness program with measures of PTSD, depression and quality of life in a veteran sample [J]. Journal of Clinical Psychology, 68 (1): 101-116.

LAWFORD B R, YOUNG R, NOBLE E P, et al, 2006. The D2 dopamine receptor (DRD2) gene is associated with co-morbid depression, anxiety and social dysfunction in untreated veterans with post-traumatic stress disorder [J]. European Psychiatry, 21 (3): 180-185.

MENON V, 2011. Large-scale brain networks and psychopathology: A unifying triple network model [J]. Trends in Cognitive Sciences, 15 (10): 483-506.

NESTLER E J, BARROT M, DILEONE R J, et al, 2002. Neurobiology of depression [J]. Neuron, 34 (1): 13-25.

O'DOHERTY D C M, TICKELL A, RYDER W, et al, 2017. Frontal and subcortical grey matter reductions in PTSD [J]. Psychiatry Research: Neuroimaging, 266: 1-9.

PATEL R, SPRENG R N, SHIN L M, et al, 2012. Neurocircuitry models of posttraumatic stress disorder and beyond: A meta-analysis of functional neuroimaging studies [J]. Neuroscience & Biobehavioral Reviews, 36 (9): 2130-2142.

POLDRACK R A, 2000. Imaging brain plasticity: Conceptual and methodological issues—a theoretical review [J]. NeuroImage, 12 (1): 1-13.

PORTO P R, OLIVEIRA L, MARI J, et al, 2009. Does cognitive behavioral therapy change the brain? A systematic review of neuroimaging in anxiety disorders [J]. The Journal of Neuropsychiatry and Clinical Neurosciences, 21 (2): 114-125.

QI S, MU Y, LIU K, et al, 2013. Cortical inhibition deficits in recent onset PTSD after a single prolonged trauma exposure [J]. NeuroImage: Clinical, 3: 226-233.

RAICHLE M E, MACLEOD A M, SNYDER A Z, et al, 2001. A default mode of brain function [J]. Proceedings of the National Academy of Sciences, 98 (2): 676-682.

RUBIN M, SHVIL E, PAPINI S, et al, 2016. Greater hippocampal volume is associated with PTSD treatment response [J]. Psychiatry Research: Neuroimaging, 252: 36-39.

SAILER U, ROBINSON S, FISCHMEISTER F P S, et al, 2008. Altered reward processing in the nucleus accumbens and mesial prefrontal cortex of patients with posttraumatic stress disorder [J]. Neuropsychologia, 46 (11): 2836-2844.

SEELEY W W, MENON V, SCHATZBERG A F, et al, 2007. Dissociable intrinsic connectivity networks for salience processing and executive control [J]. The Journal of Neuroscience, 27 (9): 2349-2356.

SHAO R, LAU W K W, LEUNG M K, et al, 2018. Subgenual anterior cingulate-insula resting-state connectivity as a neural correlate to trait and state stress resilience [J]. Brain and Cognition, 124: 73-81.

SHIN L M, SHIN P S, HECKERS S, et al, 2004. Hippocampal function in posttraumatic stress disorder [J]. Hippocampus, 14 (3): 292-300.

SRIPADA R K, KING A P, WELSH R C, et al, 2012. Neural dysregulation in posttraumatic stress disorder: Evidence for disrupted equilibrium between salience and default mode brain networks [J]. Psychosomatic Medicine, 74 (9): 904-911.

VAN DER WERFF S J A, VAN DEN BERG S M, PANNEKOEK J N, et al, 2013. Neuroimaging resilience to stress: A review [J]. Frontiers in Behavioral Neuroscience, 7: 39.

VARELA F, LACHAUX J P, RODRIGUEZ E, et al, 2001. The brainweb: Phase synchronization and large-scale integration [J]. Nature Reviews Neuroscience, 2 (4): 229-239.

WACKER J, DILLON D G, PIZZAGALLI D A, 2009. The role of the nucleus accumbens and rostral anterior cingulate cortex in anhedonia: Integration of resting EEG, fMRI, and volumetric techniques [J]. NeuroImage, 46 (1): 327-337.

YEHUDA R, SOUTHWICK S, GILLER E L, et al, 1992. Urinary catecholamine excretion and severity of PTSD symptoms in Vietnam combat veterans [J]. Journal of Nervous and Mental Disease, 180 (5): 321-325.

ZEIDAN F, MARTUCCI K T, KRAFT R A, et al, 2011. Brain mechanisms supporting the modulation of pain by mindfulness meditation [J]. Journal of Neuroscience, 31 (14): 5540-5548.

ZHANG Y, LIU F, CHEN H, et al, 2015. Intranetwork and internetwork functional connectivity alterations in post-traumatic stress disorder [J]. Journal of Affective Disorders, 187: 114-121.

梁夏, 王金辉, 贺永, 2010. 人脑连接组研究: 脑结构网络和脑功能网络 [J]. 科学通报, 55 (16): 1565-1583.

张红, 李金瑞, 吴美真, 2017. 创伤后应激障碍的脑功能磁共振成像研究进展 [J]. 心理学进展, 7 (11): 1329-1336.

张伊, 伏干, 姜慧丽, 等, 2019. 专业救援人员的正念对创伤后应激障碍的影响: 侵入反刍和社会支持的作用 [J]. 中国临床心理学杂志, 27 (2): 311-315.

# 第3章 积极改变：认知的作用

结合认知理论和行为理论的认知行为疗法（cognitive behavioral therapy, CBT）（Beck, 2011）认为，当面临应激事件时，个体可能会表现出一些不良的情绪反应。之所以会出现不良的情绪反应，是因为一些失功能的想法所导致的。个体为了缓解不良情绪，又会做出一些失功能的行为（Hofmann, et al., 2012）。认知影响情绪，为了缓解消极情绪、减少痛苦，又会出现相应的行为。简而言之，认知是核心要素。本章将从认知角度出发，阐述个体在面临疾病灾难（如新冠疫情等）、自然灾害或人为创伤事件时，通过采取积极的或适应性的认知策略或技巧，将会在不同程度上缓解个体的痛苦情绪，或影响社会和生活功能的非适应性行为。

## 一、应对策略

在遭遇外界压力时，个体通常会采取相应的应对策略，用力"抵御"所产生的焦虑情绪或与压力相关的症状。应对（coping）是一种有意识的、自愿付出努力的过程，用于管理个体所感知到的内在或外在压力（Feldner, Zvolensky, & Leen-feldner, 2004）。Moos 和 Holahan（2003）在总结以往研究的基础上提出了"应对"的整合模型。该模型认为，个体在面对压力性事件时，其应对方式既可能具有倾向性的特点（比如，在某些情境中都倾向于用某种应对策略），又可能具有情境性的特点（比如，在特定的压力源面前，具体使用某一类的应对策略）。

该模型还假设持续的环境因素（环境系统，方面1）、人际因素（个人系统，方面2）和可预测的暂时的环境条件（暂时条件，方面3），这三方面的因素可以综合性地塑造个体的认知评价，以及当面临具体的压力事件时所采取的应对技巧或做出的应对策略（认知重评和应对技能，方面4）；相应地，认知评价和所采取的应对策略又会反过来影响个体的健康和幸福感（健康和幸福感，方面5）。（见图3-1）

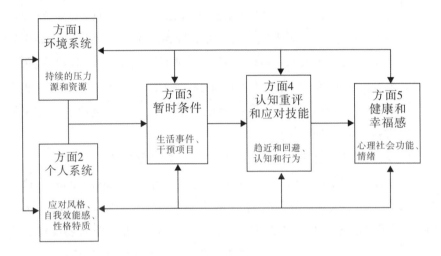

图3-1　Moos 和 Holahan（2003）关于"应对"的整合模型

根据性质，应对策略有积极和消极之分。有研究者将日常生活中的应对策略分为三类：任务导向（task-oriented）、情绪导向（emotion-oriented）和回避（avoidance）（Kurokawa & Weed，1998）。以任务为导向的应对策略，是指个体通过采取某种行为去解决问题或减少问题所带来的消极影响，以此来达到重新分析并解决问题、改变当下局面的目的。以情绪为导向的应对方式，是指通过情绪反应（比如自责、生气）或情绪调节（emotion regulation）来达到减缓压力的目的。回避，则是指通过社交转移（social diversion）或通过做其他事情来转移自身注意的方式来回避压力性情境（Kurokawa & Weed，1998）。

（一）积极应对策略的相关研究

在面临一些自然灾害、暴力冲突等创伤性事件时，积极的应对策略可帮助个体缓解消极情绪、寻求社会支持，并找到生活的意义，会对生活产生积极的影响。Prati 和 Pietrantoni（2009）归纳出了三种适应性的应对策略，分别是寻求支持（support-seeking）、接纳（acceptance）和认知重评（cognitive reappraisal）。Lindsay 和 Creswell（2017）在系统总结正念干预效果的基础上，提出了正念的监控和接纳理论（monitoring and acceptance theory，MAT）。MAT 理论认为，接纳可缓解因为情绪敏感度增加而引发的情绪反应（Lindsay & Creswell，2017）。对不能改变的现实或情境采取接纳的态度，这种能力在面对不可控或不可变的现实事件中对适应过程而言，非常重要。重评的相关内容将会在本章"二、认知重评与认知灵活性"中进行更为详细的阐述。

1. 积极的应对策略对各种心理症状有一定的缓解作用

一项元分析结果发现，寻求支持应对（support-seeking coping）这类应对策略，可帮助个体在遭遇创伤后有所成长（Prati & Pietrantoni，2009）。不仅如此，在经历地震灾害后，以问题解决为导向的应对方式（problem-focused coping）也可以帮助人们更好地实现"创伤后成长"，在经历痛苦和不适后，帮助人们更多地从人际关系中体验到积极情绪（García，et al.，2016）。一项针对应对策略和工作（职业）倦怠的元分析结果发现，以问题解决为导向的应对方式与倦怠症状呈显著的负相关关系，寻求社会支持和重评的应对方式显著并负向预测倦怠的程度（Shin，et al.，2014）。这也提示积极的应对策略有助于缓解个体的职业倦怠。

即便是对照顾经历过创伤事件并因此患上心理疾病的个体的照料者来说，以问题解决为导向的应对方式与其焦虑情绪之间都是呈显著的负相关关系。这也提示着，对照料者人群进行这方面的技能训练，可以帮助他们缓解过多的焦虑情绪（Rahnama，et al.，2017）。相较于适应性不良的应对方式，对于更多采取适应性应对策略（比如，接纳、以积极的态度重新着眼于问题、聚焦于计划、积极进行认知重评、换位思考）的个体来说，他们的焦虑和抑郁水平会更低一些（Doron，et al.，2013）。在儿童和青少年群体中也得到了类似的结果。一篇对 40 项研究进行总结的元分析结果表明，为了应对日常生活中可控的压力源，采取主动应对方式的儿童和青少年会表现出更少的外化行为问题,并且在社交方面更具有胜任力(Clarke,2006)。

**2. 积极的应对策略有助于提高心理弹性和增加主观幸福感**

一项针对 239 名中国大学生群体的研究表明:首先,以问题(任务)为导向的应对方式可显著且正向预测主观幸福感;其次,特别是对于心理弹性水平本不高的个体而言,以问题(任务)为导向的应对方式可提高其生活满意度(Chen,2016)。此外,从发展的角度来看,有研究者认为,应对是现实生活中的一种互动过程,采取适当的策略是可以促进对环境的适应,并且强化和巩固心理弹性,促进个体的发展的(Foster,1997)。MacCann 等人(2012)在对 354 名高中生进行研究的结果中也发现,聚焦于问题解决的应对方式可以显著且正向预测学生的学业成绩、生活满意度和对学校的积极情感,是一种学业表现的重要预测因素。

(二)消极的应对策略

当然,除了积极的应对策略,还存在消极的应对策略,比如回避(avoidance)、物质使用(substance use)、反刍(rumination)。回避型的应对策略包含着"否认"和"放弃"的含义,往往会给个体的心理健康带来不良的影响。"反刍"一词最初在动物界中是一个中性词,主要出现在哺乳纲偶蹄目的部分草食性动物身上,指的是动物在进食一段时间后将半消化的食物返回嘴里再次咀嚼的现象。在心理学领域中,"反刍"这一概念一经提出,便首先被用于描述抑郁个体不断关注自己症状这一特点。但是,不少研究已表明,反刍是一个具有跨诊断的认知特点(Luca,2019),也是消极的应对策略之一。

消极的应对策略不利于个体的心理健康,而且在面临创伤事件时,不利于个体的恢复。一项在 291 名经历过尼泊尔地震灾害的生还者中进行的调查研究发现,非适应性的应对策略,比如,被动的应对方式、宗教应对和通过物质使用的应对方式,会进一步增加罹患 PTSD 的风险(Baral & Bhagawati,2019)。有研究者通过回溯性研究发现,相较于有惊恐发作史的个体，没有惊恐发作过的被试会更多地使用以问题解决为导向的应对策略来调节自己的焦虑情绪或压力；而有惊恐发作史的个体则更倾向于使用认知和行为回避策略，而回避策略可能又会增加对情绪痛苦的易感性，并且会导致对身体感觉的焦虑水平的提高（Feldner, Zvolensky, & Leen-feldner, 2004）。在国内中学生群体的调查研究中也发现了类似的结果。Quan 等人（2017）的研究表明，对于经历过暴风雨灾难的中学生来说，对该灾难事件的反刍会增加创伤后应激症状的产生。一项在高中生群体中进行的调查研究发现，在面对压力事件时，以情绪为导向的应对方式可增加消极情绪的产生，并且回避型的应对策略会导致对学校（比如对待学业或考试的态度）积极情绪的减少，以及消极情绪的增加（MacCann, et al., 2012）。

（三）针对应对策略的干预和临床应用

针对个体进行积极应对策略的训练，或者通过训练改变其消极的应对方式并强化积极的应对策略，将会给个体带来"雪中送炭"的效果。Gu 等人（2015）对以往正念训练所产生的效果进行回溯性研究时发现，以正念和正念减压为基础的干预方法可帮助个体从非评价和接纳的态度来看待自身所经历的体验，从而在心理层面带来更为积极的影响，提高心理健康程度和幸福感。Movahhed 和 Ghalichi（2012）招募 112 名有患心理障碍风险的大学生，将其随机分配到应对方式训练组和对照控制组，在接受连续 4 周的训练后，良好的应对技巧可有效缓解（特别是）躯体症状和焦虑情绪。一项招募了 260 名针对痴呆患者进行照料的家庭成员的研究发现，经过接受 4 个月的应对技巧的干预后，这些家庭照料者们以情绪和问题解决为导向的应对策略技巧的应用水平有所提高，功能不良的应对策略的使用频率有所下降；对于焦虑抑郁水平原本就比较高的被试来说，以情绪导向为主的应对策略的提高可以显著预测消极情绪得分的减少（Li, et al., 2014）。这也就提示着，通过实施应对技巧的针对性干预，可减少不良应对方式的使用并增加积极应对方式的应用，从而改善个体在面临压力事件时的消极情绪。

（四）小结与建议

综上所述，积极的应对方式反映了个体在面临外界压力源时，对调动自身认知资源或寻求外界支持所做出的努力，是一种在亲身经历压力（创伤）后得以恢复和成长的适应性策略。然而，消极的应对策略则采取不直接面对的方式，回避了应该正视的现实，不管是在认知还是行为层面，都试图将自己的头脑"埋在地下"。但这种非正视的态度往往也降低了忍受痛苦的阈值，提高了对痛苦情绪的敏感性，是一种非适应性的应对方式。通常来说，采取积极的应对策略还可促进心理弹性水平的提高（Campbell-Sills, Cohan, & Stein, 2006; Shing, Jayawickreme, & Waugh, 2016），增强个体自身抵御外界风险的能力。但是，当遇到极端的负性事件（比如丧偶）时，反而是消极的压抑应对可能会促进个体的心理弹性，这也提示着对于他们来说，这可能是一种保护性因素（Coifman, et al., 2007）。

# 二、认知重评与认知灵活性

认知理论认为，当面临应激事件时，个体可能会表现出一些不良的情绪反应，而这些不良的情绪反应的出现是失功能的、非适应性的想法所致（Beck, 2011）。认知疗法（cognitive therapy, CT），则是基于认知理论所逐渐发展成熟的、最具实证支持的心理治疗方法，具有结构化、短程、关注，以及解决当前的问题且矫正功能不良的想法和行为的特点（Beck, 1967）。认知灵活则与身心健康密不可分，近年来它更是作为心理治疗的有效指标之一（Whiting, et al., 2017）。

（一）认知重评

认知疗法中重要的技术之一便是认知重评（cognitive reappraisal）。认知重评，是一种通过调整认知方式来缓解负面情绪的一种心理干预技术（Ellis, et al., 2019；Goldin, et al., 2017），是一种适应性的情绪调节策略（Goldin, et al., 2014），即面对现实刺激时使用更为适应性的想法以代替非适应性的想法。认知重评的特点包括四个方面：①对潜在情绪状态下的想法要有所意识；②对这些想法的可信度进行现实检验；③有意识地发展出一些有益的想法；④使用这些有益的想法去调整个人的情绪（Beck，2011）。

情绪调节过程模型进一步指出，认知重评可带来认知上的改变，从而缓解个体的消极情绪（Kalia, et al., 2018）。值得注意的是，认知重评所带来的效果也因人而异。重评后可让个体感觉到未来可期，或者让当事人觉得并没有最初想象的那么糟糕，再或者是让他觉得这就是人类体验中的一部分（McRae, Ciesielski, & Gross, 2012）。

**1. 认知重评可改善不同的消极情绪和心理症状**

在进行认知重评时，通过让个体意识到引发困扰情绪的想法、检验这些想法的可靠性、有意识地形成有益的想法，并使用这些想法去改善消极情绪，可以有效缓解抑郁症状（Beck，2011）。一项对情绪调节策略效果进行元分析的研究结果发现，认知重评可有效地缓解个体的焦虑和抑郁情绪，减轻进食障碍与物质使用障碍的相关症状（Aldao, Nolen-Hoeksema, & Schweizer, 2010）。

Modini 和 Abbott（2017）在被诊断为社交焦虑障碍（social anxiety disorder，SAD）的被试进行 30 分钟的认知重评干预中发现，认知重评可以显著减少对社交刺激的威胁性评价，以及对自我表现的消极评价，社交焦虑症状也有所缓解。Olatunji 等人（2017）招募了 55 名具有强迫污染症状的患者。首先，训练他们建立起对污染恐惧的条件反射；其次，将其随机分配到认知重评组和对照组；最后，在接受训练之后，认知重评组被试对已习得的厌恶情绪反应明显减少。该研究结果表明，认知重评有利于不良行为的消退，在改善强迫污染症状方面可起到一定作用（Olatunji, et al., 2017）。Gruber 等人（2014）通过招募 23 名患有复发性Ⅰ型双相障碍患者和 23 名健康被试，对其实施认知重评干预。研究结果显示，所有被试的情绪反应性（比如积极和消极的情感）、行为和生理反应都有所减少。这表明，认知重评不仅有助于双相障碍患者改善其消极情绪，以及所带来的行为和生理反应，对提高正常被试的心理健康程度也有助益（Gruber，Hay，& Gross，2014）。

**2. 认知重评也可缓解压力相关症状**

例如，Moore、Zoellner 和 Mollenholt（2008）在对 292 名大学生进行研究的结果中发现，认知重评与更低水平的压力相关症状呈显著的相关关系。在经历重大创伤后，认知重评策略可以帮助受灾个体减少创伤事件对他们所带来的伤害。比如，周宵等人（2016）在对 315 名中学生进行调查的结果中发现，经历地震灾难后，认知重评技术可以显著负向预测他们的 PTSD 并正向预测其创伤后成长水平（posttraumatic growth，PTG）。

**3. 认知重评还可以起到锦上添花的作用**

King 和 dela Rosa（2019）在一项对 355 名正常大学生进行研究的结果中发现，虽然对情绪的一些消极认识（比如，认为情绪是不可控的）可能会损害个体的心理幸福感，但是，认知重评可起到缓冲的作用——可增强健康个体的积极情绪和对生活的满意程度。一项针对 811 名正常大学生的研究表明，认知重评技术的使用可显著正向预测心理弹性水平，从而可能对他们的学业和心理幸福感水平有所提升（Zarotti，Povah，& Simpson，2020）。有研究者进一步指出，引导性的、创造性的认知重评在改善消极情绪方面还具有持续的调节作用（Wu，et al.，2019）。

**4. 值得注意的是，认知重评的使用及使用效果也须考虑情境**

有研究表明，首先，如果个体年龄过小或过大，由于受到其自身认知能力的限制，在使用认知资源去进行重评时，效果会打折扣（Bunge & Wright，2012）；其次，当个体的睡眠质量不好时（Mauss，Troy，& LeBourgeois，2013），或者受到其他认知需求的干扰时（Ward & Mann，2000），进行认知重评的效果也不佳。Dryman 和 Heimberg（2018）对认知重评在患不同心理障碍的个体中的元分析结果还发现，社交焦虑障碍患者的特点是对认知重评技术的使用无效,而重性抑郁个体则是对认知重评技术的使用不足,特别是在一些具有压力性或不可控的情境下。

也有研究者进一步指出,没有哪一种心理过程永远是适应性的(Grant & Schwartz, 2011),需要根据不同的情境来判断。当引发消极情绪的情境或环境不可控时,认知重评所带来的干预效果最好;但是,当压力源可控时,有研究者发现,认知重评的能力越强,抑郁水平反而越高(Troy, Shallcross, & Mauss, 2013)。可以看出,某种特定的情绪调节策略是否是适应性的,需要根据具体的情境而定。

(二)认知灵活性

在应用认知技术时,其中涉及一个重要的概念,那便是认知灵活性(cognitive flexibility, CF)。认知灵活性,指的是在面对冲突和压力时,个体选择应对方式的能力,主要包括三个成分:①对身处在任何情境中都是可选择的意识;②愿意灵活地去适应某种情境;③可灵活应对的自我效能感(Martin & Rubin, 1995)。认知灵活与身心健康密不可分,近年来它更是作为心理治疗疗效的指标之一(Whiting, et al., 2017)。此外,高水平的认知灵活性与幸福感和采取有效的应对策略息息相关(Johnson, 2016),可以帮助个体应对现实问题。

有研究者指出,当处于急性应激状况下时,个体的认知灵活性会受影响,并且会进一步影响大脑的执行功能(Kalia, et al., 2018)。如果认知灵活性受到损害,还会严重影响心理健康(Tchanturia, et al., 2004)。认知灵活性受损所带来的消极影响可能还会持续一段时间,比如,Harms 等人(2018)在对 53 名 14~17 岁青少年进行研究的结果中发现,个体早期生活经历中所遭遇的压力性事件,可能会在一定程度上给个体带来学习能力和认知灵活性方面的损伤,从而可能带来后续的一系列社会问题。

针对认知灵活性进行干预的认知矫正治疗(cognitive remediation therapy, CRT),可以有效缓解神经性厌食(Brockmeyer, et al., 2014)和精神病性症状(Linke, et al., 2019)。也有研究者借助计算机化的认知矫正疗法对 PTSD 患者进行辅助治疗，接受干预后，PTSD 患者的焦虑和抑郁分数均显著低于治疗前；而且，相较于纯药物组（单用奥氮平治疗），计算机化的认知矫正治疗的辅助具有更好的远期疗效（伍晓凡等，2017）。

此外，可以预测认知灵活性对治疗效果有更好的应答率，并且在经过治疗后，认知灵活的提升也可以带来症状的缓解。以往干预研究发现，认知灵活性可以显著预测伴有焦虑抑郁症状的老年人在之后使用认知重建（cognitive restructuring）技术时，主观痛苦感的减少（Johnco, Wuthrich, & Rapee, 2014），并且较高的认知灵活性有助于老年人增加对认知重建技术的习得（Johnco, Wuthrich, & Rapee, 2013），减少消极情绪的产生。

（三）小结与建议

综上所述，认知重评，作为一种有效的情绪调节策略，不仅可以有效缓解个体的消极情绪，并且在提升积极情感、提高生活满意度和幸福感方面都有一定的作用。不过，即便是再有效的干预技术，在实际应用时也需要考虑其使用范围的局限性。在不同的具体情境中，可适当结合其他的干预技术，以达到更好的提升、预防和干预的效果。认知灵活性是一种面对冲突和压力时，个体选择应对方式的能力。但是，在现实生活中当遇到突发状况或应激压力时，比如，在 2020 年年初全国乃至全世界范围内暴发的新冠肺炎疫情时，个体的认知灵活性可能会不同程度地受到损害，特别是处于急性应激阶段时。以往的研究也发现，当及时采取一些干预方法（比如认知重建、认知行为疗法及针对性的认知矫正治疗）时，认知灵活性可以得到一定程度的缓解，继而提高应对现实刺激的能力。

## 三、元认知和元认知疗法

### （一）元认知

元认知（metacognition），指的是对认知本身的监控、控制或解释过程中所涉及的认知过程，主要包括元认知知识、元认知体验和元认知策略，这些认知过程相互联系并相互作用（Wells，1999）。元认知知识是与控制想法相关的信念，包括一系列的计划或程序。元认知知识包括积极的元认知信念和消极的元认知信念。积极的元认知信念是个体对不断进行担忧的这些认知活动的积极看法，而消极元认知信念则是个体对这些认知活动危险性的认识和无法控制感。元认知体验，指的是个体对自身心理状态的评价和感受，比如，强迫症患者对一些闯入性思维的消极解释和感受，以及惊恐障碍患者对自身出现的一些体验的不合理解释（比如"心跳加速，我马上就要死去了"的想法）。元认知策略，是在个体进行情绪和认知的自我调节过程中进行控制和转换思考过程的反应。对于患有心理障碍的个体，特别是焦虑类患者来说，他们所经历的主观体验通常和失控感有关；因此，与之相对应的元认知策略就包括了试图控制所出现的想法（Wells，2011）。

Cartwright 和 Wells 在前人研究的基础上，提出了心理障碍的元认知模型（metacognitive model）（Veeraraghavan，2009）。元认知模型的理论基础是自我调节的执行功能模型（S-REF）（Wells & Matthews，1996）。S-REF是一种以"认知-注意综合征"（cognitive attentional syndrome，CAS）为特点的信息加工模型，是一种自上而下的认知加工过程（见图3-2）。心理障碍的元认知模型，特别强调元认知和"认知-注意综合征"在引发焦虑抑郁情绪上所扮演的角色。CAS 的核心症状表现为担忧（worry）与反刍（rumination），在头脑中不断以口语思维的方式来思考过去发生的事情和将来可能遇到的威胁（Wells，2011），比如"我将会死去"的想法。

元分析研究结果表明，非功能性的元认知信念会引发高危人群的一系列精神症状（Cotter, et al., 2017），并且是多种心理障碍的共同影响因素（Sun, Zhu, & So, 2017）。此外，该模型还认为，在个体对消极的想法、信念、症状和情绪产生回应的过程中，元认知信念发挥了关键的作用。它操纵了这种不利的思考方式，从而导致个体陷入了长久的情绪痛苦中。

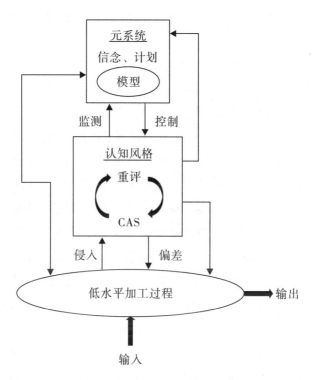

图3-2 Wells 和 Matthews（1966）提出的 S-REF 模型

## （二）元认知疗法

Wells 根据心理障碍的元认知模型提出了元认知疗法（metacognitive therapy），可以将其看作认知疗法（cognitive therapy）的延伸（Wells & Matthews，1996）。与传统认知疗法不一致的是，元认知疗法聚焦在思考的过程及控制这些想法的过程（Normann，van Emmerik，& Morina，2014），主要侧重于如何对这些想法进行管理、观察和进一步的加工（Hayes，2004）。具体来说，元认知疗法的核心成分包括元认知、"认知-注意综合征"、注意训练技术等。元认知疗法聚焦于消除"认知-注意综合征"，并促进新的思维模式的形成。因此，控制思维的元认知要进行修正（modified）。通过修正适应不良的元认知知识、强化灵活的控制能力、增加相应的应对策略（Wells，2019），从而达到元认知疗法的治疗效果。

### 1. 元认知疗法可有效治疗多种心理障碍

Wells 和 King（2006）招募 10 名被诊断为广泛焦虑障碍的患者，并对其进行元认知治疗。他们通过干预后的结果发现，首先，被试的症状，特别是在担忧、焦虑和抑郁情绪方面，得到了较大的改善；其次，干预后 6 个月和 12 个月的追踪调查显示，90% 的患者都维持着较好的治疗效果。干预后和追踪的测量结果显示，障碍的康复率也高达 87.5% 和 75%（Wells & King，2006）。Nordahl 和 Wells（2018）通过个案研究，对 3 名分别被诊断为不同亚类的社交焦虑障碍患者（分别为表现型、广泛型和共病回避型人格障碍的广泛型）进行元认知治疗。结果显示，在经历了为期 8 周、每周 45~60 分钟的干预后，所有患者的社交焦虑症状都在很大程度上得到了缓解，并且干预效果持续了 6 个月。该研究还提示，元认知疗法针对不同亚类别的社交焦虑患者都有一定的疗效（Nordahl & Wells，2018）。一项在经历了暴力、性侵或抢劫并患 PTSD 的患者群（$n=6$）中进行的元认知干预研究结果显示，所有被试的消极情绪和创伤后应激症状都得到了显著缓解，元认知的灵活性也得到了提高，较少使用适应性不良的注意策略，担忧和反刍现象也有所减少（Wells & Sembi，2004）。

### 2. 在治疗某些心理障碍方面，元认知疗法甚至还优于 CBT

Nordahl 等人（2018）招募了 81 名被诊断为广泛性焦虑障碍的成年人，并将其随机分配到认知行为干预组、元认知疗法干预组和对照控制组。在经过为期 12 周、每周 1 次、每次约 60 分钟的干预后，结果发现，认知行为干预和元认知疗法干预都能显著缓解患者的症状，但是元认知疗法干预组被试的恢复情况更好（Nordahl, et al., 2018）。可能的解释是，就针对广泛性焦虑个体的认知而言，其对担忧的消极评价（即元担忧）比担忧本身在维持障碍中起到的作用更大（Nordahl, et al., 2018）。

在面临疫情等类似的现实问题时，对未来事件走向的不确定性、对健康的担忧、对未来生活的无掌控感，容易使人对生活的多个方面感到担忧。元认知疗法或相关技术对类似的焦虑情绪可能会有较好的干预效果。

## 四、总结

认知模型认为，当面临应激事件时，个体可能会表现出一些不良的情绪反应，而这些不良情绪反应的出现是失功能的、非适应性的想法所致（Beck，2011）。在遭遇自然灾害、车祸、战争或人为暴力等创伤事件时，除了出于本能反应所引发的正常心理反应，通常人们还会对事件进行消极加工，引发更为灾难性的或负面的评价或解释，从而导致（长时间）陷入"消极情绪的旋涡"中而难以自拔。这不仅让当事人处于痛苦情绪之中，甚至还会严重影响其社会、人际和生活方面的功能。可通过提高使用积极应对策略的能力、在适当情境中使用合适的认知重评技术，以及元认知疗法提高元认知的灵活性几方面，不同程度地改善个体的消极认知和行为，促使适应性行为的发生与维持，并且最终提高其对生活的满意度及主观幸福感。

（余萌）

## 参 考 文 献

ALDAO A, NOLEN-HOEKSEMA S, SCHWEIZER S, 2010. Emotion-regulation strategies across psychopathology: A meta-analytic review [J]. Clinical Psychology Review, 30（2）: 217-237.

BARAL I A, BHAGAWATI K C, 2019. Post traumatic stress disorder and coping strategies among adult survivors of earthquake, Nepal [J]. BMC Psychiatry, 19 (118): 1-8.

BECK A T, 1967. The Diagnosis and Management of Depression [M]. Philadelphia, PA: University of Pennsylvania Press.

BECK J S, 2011. Cognitive Behavior Therapy: Basics and Beyond [M]. 2nd ed. New York: Guilford Press.

BROCKMEYER T, INGENERF K, WALTHER S, et al, 2014. Training cognitive flexibility in patients with anorexia nervosa: A pilot randomized controlled trial of cognitive remediation therapy [J]. International Journal of Eating Disorders, 47 (1): 24-31.

BUNGE S A, WRIGHT S B, 2012. Neurodevelopmental changes in working memory and cognitive control [J]. Current Opinion in Neurobiology, 17 (2): 243-250.

CAMPBELL-SILLS L, COHAN S L, STEIN M B, 2006. Relationship of resilience to personality, coping, and psychiatric symptoms in young adults [J]. Behaviour Research and Therapy, 44 (4): 585-599.

CHEN C, 2016. The role of resilience and coping styles in subjective well-being among Chinese university students [J]. The Asia-Pacific Education Researcher, 25 (3): 377-387.

CLARKE A T, 2006. Coping with interpersonal stress and psychosocial health among children and adolescents: A meta-analysis [J]. Journal of Youth and Adolescence, 35 (1): 11-24.

COIFMAN K G, BONANNO G A, RAY R D, et al, 2007. Does repressive coping promote resilience? Affective-autonomic response discrepancy during bereavement [J]. Journal of Personality and Social Psychology, 92 (4): 745-758.

COTTER J, YUNG A R, CARNEY R, et al, 2017. Metacognitive beliefs in the at-risk mental state: A systematic review and meta-analysis [J]. Behaviour Research and Therapy, 90: 25-31.

DORON J, THOMAS-OLLIVIER V, VACHON H, et al, 2013. Relationships between cognitive coping, self-esteem, anxiety and depression: A cluster-analysis approach [J]. Personality and Individual Differences, 55 (5): 515-520.

DRYMAN M T, HEIMBERG R G, 2018. Emotion regulation in social anxiety and depression: A systematic review of expressive suppression and cognitive reappraisal [J]. Clinical Psychology Review, 65: 17-42.

ELLIS E M, PRATHER A A, GRENEN E G, et al, 2019. Direct and indirect associations of cognitive reappraisal and suppression with disease biomarkers [J]. Psychology & Health, 34 (3): 336-354.

FELDNER M T, ZVOLENSKY M J, LEEN-FELDNER E W, 2004. A critical review of the empirical literature on coping and panic disorder [J]. Clinical Psychology Review, 24

(2): 123-148.

FOSTER J R, 1997. Successful coping, adaptation and resilience in the elderly: An interpretation of epidemiologic data [J]. Psychiatric Quarterly, 68 (3): 189-219.

GARCÍA F E, COVA F, RRINCÓN P, et al, 2016. Coping, rumination and posttraumatic growth in people affected by an earthquake [J]. Psicothema, 28 (1): 59-65.

GOLDIN P R, LEE I, ZIV M, et al, 2014. Trajectories of change in emotion regulation and social anxiety during cognitive-behavioral therapy for social anxiety disorder [J]. Behaviour Research and Therapy, 56 (1): 7-15.

GOLDIN P R, MORRISON A S, JAZAIERI H, et al, 2017. Trajectories of social anxiety, cognitive reappraisal, and mindfulness during an RCT of CBGT versus MBSR for social anxiety disorder [J]. Behaviour Research and Therapy, 97: 1-13.

GRANT A M, SCHWARTZ B, 2011. Too much of a good thing: The challenge and opportunity of the inverted U [J]. Perspectives on Psychological Science, 6 (1): 61-76.

GRUBER J, HAY A C, GROSS J J, 2014. Rethinking emotion: Cognitive reappraisal is an effective positive and negative emotion regulation strategy in bipolar disorder [J]. Emotion, 14 (2): 388-396.

GU J, STRAUSS C, BOND R, et al, 2015. How do mindfulness-based cognitive therapy and mindfulness-based stress reduction improve mental health and wellbeing? A systematic review and meta-analysis of mediation studies [J]. Clinical Psychology Review, 37: 1-12.

HARMS M B, SHANNON BOWEN K E, HANSON J L, et al, 2018. Instrumental learning and cognitive flexibility processes are impaired in children exposed to early life stress [J]. Developmental Science, 21 (4): e12596.

HAYES S C, 2004. Acceptance and commitment therapy, relational frame theory, and the third wave of behavioral and cognitive therapies [J]. Behavior Therapy, 35: 639-665.

HOFMANN S G, ASNAANI A, VONK I J J, et al, 2012. The efficacy of cognitive behavioral therapy: A review of meta-analyses [J]. Cognitive Therapy and Research, 36 (5): 427-440.

JOHNCO C, WUTHRICH V M, RAPEE R M, 2013. The role of cognitive flexibility in cognitive restructuring skill acquisition among older adults [J]. Journal of Anxiety Disorders, 27 (6): 576-584.

JOHNCO C, WUTHRICH V M, RAPEE R M, 2014. The influence of cognitive flexibility on treatment outcome and cognitive restructuring skill acquisition during cognitive behavioural treatment for anxiety and depression in older adults: Results of a pilot study [J]. Behaviour Research and Therapy, 57: 55-64.

JOHNSON B T, 2016. The relationship between cognitive flexibility, coping, and symptomatology in psychotherapy [D]. Marquette University.

KALIA V, VISHWANATH K, KNAUFT K, et al, 2018. Acute stress attenuates cognitive flexibility in males only: An fNIRS examination [J]. Frontiers in Psychology, 9: 2084.

KING R B, DELA ROSA E D, 2019. Are your emotions under your control or not? Implicit theories of emotion predict well-being via cognitive reappraisal [J]. Personality and Individual Differences, 138: 177-182.

KUROKAWA N K S, WEED N C, 1998. Interrater agreement on the coping inventory for stressful situations (CISS) [J]. Assessment, 5 (1): 93-100.

LI R, COOPER C, BARBER J, et al, 2014. Coping strategies as mediators of the effect of the START (strategies for RelaTives) intervention on psychological morbidity for family carers of people with dementia in a randomised controlled trial [J]. Journal of Affective Disorders, 168: 298-305.

LINDSAY E K, CRESWELL J D, 2017. Mechanisms of mindfulness training: Monitor and acceptance theory (MAT) [J]. Clinical Psychology Review, 51: 48-59.

LINKE M, JANKOWSKI K S, WICHNIAK A, et al, 2019. Effects of cognitive remediation therapy versus other interventions on cognitive functioning in schizophrenia inpatients [J]. Neuropsychological Rehabilitation, 29 (3): 477-488.

LUCA M, 2019. Maladaptive rumination as a transdiagnostic mediator of vulnerability and outcome in psychopathology [J]. Journal of Clinical Medicine, 8 (3): 314.

MACCANN C, LIPNEVICH A A, BURRUS J, et al, 2012. The best years of our lives? Coping with stress predicts school grades, life satisfaction, and feelings about high school [J]. Learning and Individual Differences, 22 (2): 235-241.

MARTIN M M, RUBIN R B, 1995. A new measure of cognitive flexibility [J]. Psychological Reports, 76 (2): 623-626.

MAUSS I B, TROY A S, LEBOURGEOIS M K, 2013. Poorer sleep quality is associated with lower emotion-regulation ability in a laboratory paradigm [J]. Cognition & Emotion, 27 (3): 567-576.

MCRAE K, CIESIELSKI B, GROSS J J, 2012. Unpacking cognitive reappraisal: Goals, tactics, and outcomes [J]. Emotion, 12 (2): 250-255.

MODINI M, ABBOTT M J, 2017. Negative rumination in social anxiety: A randomised trial investigating the effects of a brief intervention on cognitive processes before, during and after a social situation [J]. Journal of Behavior Therapy and Experimental Psychiatry, 55: 73-80.

MOORE S A, ZOELLNER L A, MOLLENHOLT N, 2008. Are expressive suppression and cognitive reappraisal associated with stress-related symptoms? [J]. Behaviour Research and Therapy, 46 (9): 993-1000.

MOOS R H, HOLAHAN C J, 2003. Dispositional and contextual perspectives on coping: Toward an integrative framework [J]. Journal of Clinical Psychology, 59 (12): 1387-1403.

MOVAHHED F S, GHALICHI E R, 2012. On the relationship between coping strategies and mental health of students [J]. European Psychiatry, 27 (1): 883-887.

NORDAHL H, WELLS A, 2018. Metacognitive therapy for social anxiety disorder: An A-B replication series across social anxiety subtypes [J]. Frontiers in Psychology, 9 (4): 1-7.

NORDAHL H M, BORKOVEC T D, HAGEN R, et al, 2018. Metacognitive therapy versus cognitive-behavioural therapy in adults with generalised anxiety disorder [J]. BJPsych Open, 4 (5): 393-400.

NORMANN N, VAN EMMERIK A A P, MORINA N, 2014. The efficacy of metacognitive therapy for anxiety and depression: A meta-analytic review [J]. Depression and Anxiety, 31: 402-411.

OLATUNJI B O, BERG H, COX R C, et al, 2017. The effects of cognitive reappraisal on conditioned disgust in contamination-based OCD: An analogue study [J]. Journal of Anxiety Disorders, 51: 86-93.

PRATI G, PIETRANTONI L, 2009. Optimism, social support, and coping strategies as factors contributing to posttraumatic growth: A meta-analysis [J]. Journal of Loss and

Trauma, 14 (5): 364-388.

QUAN L, ZHEN R, YAO B, et al, 2017. The role of perceived severity of disaster, rumination, and trait resilience in the relationship between rainstorm-related experiences and PTSD amongst Chinese adolescents following rainstorm disasters [J]. Archives of Psychiatric Nursing, 31 (5): 507-515.

RAHNAMA M, SHAHDADI H, BAGHERI S, et al, 2017. The relationship between anxiety and coping strategies in family caregivers of patients with trauma [J]. Health Management and Policy Section, 11 (4): 16-19.

SHIN H, PARK Y M, YING J Y, et al, 2014. Relationships between coping strategies and burnout symptoms: A meta-analytic approach [J]. Professional Psychology: Research and Practice, 45 (1): 44-56.

SHING E Z, JAYAWICKREME E, WAUGH C E, 2016. Contextual positive coping as a factor contributing to resilience after disasters [J]. Journal of Clinical Psychology, 72 (12): 1287-1306.

SUN X, ZHU C, SO S H W, 2017. Dysfunctional metacognition across psychopathologies: A meta-analytic review [J]. European Psychiatry, 45: 139-153.

TCHANTURIA K, ANDERLUH M B, MORRIS R G, et al, 2004. Cognitive flexibility in anorexia nervosa and bulimia nervosa [J]. Journal of the International Neuropsychological Society, 10 (4): 513-520.

TROY A S, SHALLCROSS A J, MAUSS I B, 2013. A person-by-situation approach to emotion regulation: Cognitive reappraisal can either help or hurt, depending on the context [J]. Psychological Science, 24 (12): 2505-2514.

VEERARAGHAVAN V, 2009. Metacognitive therapy for anxiety and depression [J]. Anxiety, Stress, & Coping, 22 (5): 587-589.

WARD A, MANN T, 2000. Don't mind if I do: Disinhibited eating under cognitive load [J]. Journal of Personality and Social Psychology, 78 (4): 753-763.

WELLS A, 1999. A metacognitive model and therapy for generalized anxiety disorder [J]. Clinical Psychology and Psychotherapy, 6 (2): 86-95.

WELLS A, 2011. Metacognitive therapy [M] // HERBERT J D, FORMAN E M. Acceptance and Mindfulness in Cognition Behavior Therapy: Understanding and Applying the

New Therapies. Hoboken, NJ: John Wiley & Sons: 83-108.

WELLS A, 2019. Breaking the cybernetic code: Understanding and treating the human metacognitive control system to enhance mental health [J]. Frontiers in Psychology, 10 (12): 1-16.

WELLS A, KING P, 2006. Metacognitive therapy for generalized anxiety disorder: An open trial [J]. Journal of Behaviour Therapy and Experimental Psychiatry, 37 (3): 206-212.

WELLS A, MATTHEWS G, 1996. Modelling cognition in emotional disorder: The S-REF model [J]. Behaviour Research and Therapy, 34 (11 – 12): 881-888.

WELLS A, SEMBI S, 2004. Metacognitive therapy for PTSD: A preliminary investigation of a new brief treatment [J]. Journal of Behavior Therapy and Experimental Psychiatry, 35 (4): 307-318.

WHITING D L, DEANE F P, SIMPSON G K, et al, 2017. Cognitive and psychological flexibility after a traumatic brain injury and the implications for treatment in acceptance-based therapies: A conceptual review [J]. Neuropsychological Rehabilitation, 27 (2): 263-299.

WU X, GUO T, TAN T, et al, 2019. Superior emotional regulating effects of creative cognitive reappraisal [J]. NeuroImage, 200: 540-551.

ZAROTTI N, POVAH C, SIMPSON J, 2020. Mindfulness mediates the relationship between cognitive reappraisal and resilience in higher education students [J]. Personality and Individual Differences, 156: 109795.

伍晓凡，张鹏，刘立志，等，2017. 计算机认知矫正治疗对创伤后应激障碍患者的辅助疗效 [J]. 中国疗养医学，26（1）：9-11.

周宵，伍新春，曾旻，等，2016. 青少年的情绪调节策略对创伤后应激障碍和创伤后成长的影响：社会支持的调节作用 [J]. 心理学报，48（8）：969-980.

# 第4章 积极改变：良好的情绪调节

新型冠状病毒肺炎疫情持续蔓延。2020年年初，新冠肺炎疫情在湖北武汉暴发。1月23日，武汉紧急封城，各地一级响应，严防谨守。至3月，中国疫情逐渐得到有效控制，然而，欧美多国乃至全球却开始了全面暴发。在国内，无症状感染和境外输入病例引起的传播风险依然存在。全球性重大应激反应在蔓延。

新冠肺炎疫情蔓延时期，我们面对的不仅是病毒感染的威胁，还有随之而来的各种情绪。不仅有恐惧、焦虑、愤怒、悲伤、怨恨和绝望等负面情绪，还有掌控、关心、照顾、安心和希望等积极情感。清晰地觉察情绪，准确地理解情绪，充分发动认知、行动及社会应对资源，发挥情绪的适应驱动功能，在不确定的威胁中重获掌控感，恢复内心的安宁和生活的希望，这是健康（良好）的情绪调节所要追求的目标。

以下将从情绪觉察、情绪理解、情绪调节过程模型与策略等方面，了解积极良好的情绪调节如何帮助我们积极调整，做好灾后心理重建工作。

## 一、情绪觉察

在疫情蔓延过程中，我们可能会体验到各种各样的情绪。这次疫情有四个特点：①传播极快。新冠肺炎传播以飞沫接触为主，粪口传播和气溶胶传播也是很有可能的。同时，有相当比例的无症状感染者。②症状涉及范围极广。新冠肺炎不仅感染呼吸系统，还有可能感染泌尿系统、心血管系统和神经系统等。③尽管大部分新冠肺炎患者是轻症，可是，轻症亦可转为重症、危重，甚至死亡。④起初没有明确的特效药物，预防疫苗也在研发之中。可见，病毒源和威胁程度有很大的隐蔽性和不确定性，从而造成广泛的恐惧及焦虑。

新冠肺炎疑似患者和确诊患者会感受到未来的不确定性，要承受病程发展及各种并发症的折磨和对死亡的恐惧。奋战在一线的医务工作者面临更大的感染风险；同时，紧急繁重的救治工作、近距离接触病患、患者病情恶化和随时出现的死亡，让他们体验到更多的应激，会有较多的恐惧、沮丧、困惑、无力、愤怒和倦怠等情绪。居家或离家隔离的社会大众对未来感到不确定，担心是否会被感染，行动自由受限，会出现紧张、恐惧等不适应情绪反应，甚至会失眠，变得情感淡漠，感到无聊，持续隔离会引发创伤应激、抑郁和焦虑等。由于无法开学，许多学校都临时安排了线上课程。家长和子女都需要适应新的学习平台和学习模式，在这个过程中会体验到更多的焦虑。又比如因为疫情给许多行业带来了经济上的打击，许多人可能会因为当下和未来经济上的压力而体验到焦虑、失望和自责，甚至可能会发展成抑郁的倾向。

自我情绪觉察，即识别和描述自己正在经历的情绪，一直以来被认为是情绪智力的重要基础。著名的情绪心理学家保罗·艾克曼曾经说过："人们都希望自己有能力去选择他们对什么产生情绪，以及他们在情绪产生时会有怎样的行为。但是，我们并非真的可以有这样的选择。这二者的关键都在于是否具有更好的情绪觉察。"Lama 和 Ekman（2008）亦有大量研究显示，情绪觉察对情绪健康有积极作用，对抑郁等情绪疾病也有保护作用。根据情绪觉察水平量表（Level of Emotional Awareness Scale, LEAS），情绪觉察可以分为四个方面：①身体感受，即对因情绪产生的生理变化的感受，比如心跳加速、手心冒汗、胃里翻腾等；②行动倾向，即能够感受到当下情绪对接下来可能的行动的影响；③单个情绪感知，即能够在某个时间点感受到自己体验到的某一种情绪；④混合情绪感知，即能够在某个时间点体验到自己不同种类、不同强度的多种情绪的组合。在我们可以对情绪的轨迹进行任何程度的主动影响之前，我们需要首先能够觉察到自己情绪的存在、种类及强度。

情绪觉察能力是可以训练的。目前，比较推荐的提升情绪觉察能力的方法是书写和正念练习。下面介绍一个来自著名心理学网站今日心理学（Psychology Today，www.psychologytoday.com）的提升情绪觉察能力的书写练习。当我们处于疫情中，需要对自己的情绪有所觉察的时候，可以依照下述指导语进行书写："我此时此刻正在经历怎样的情绪体验？我有哪些身体上的反应？我的手心出汗了吗？我的心跳在加速吗？会感觉到头痛吗？我所有的感觉让我体验到了怎样的环境？周围是阴暗的还是光明的，清新的还是窒息的？我听到了什么，闻到了什么？通过对自己情绪状态身体反应的表达，我可以进入情绪状态的核心位置。"（Pogosyan，2018）

正念练习的核心要点，是关注当下和没有价值判断。常见的正念练习包括身体扫描、正念观看、正念倾听、正念呼吸和五感练习等（见图4-1）。其实，我们在做任何事情时，都可以保持正念，关注当下过程，不去关注做得好还是不好、会不会失败等结果评价的问题。正念可以减少焦虑，提高工作效率。我们可以在网络上找到较多的此类练习的教程，本书不附具体的操作，如果大家感兴趣，可以去诸如今日心理学等网站搜索。疫情之下，为了可以更好地调节我们的情绪，我们首先要具有较好的自我情绪觉察能力，在各种情绪袭来的时候能够准确、清晰地识别和描述它们。

5个你随时随地可以做的正念练习

身体扫描　　正念观看　　正念倾听　　正念呼吸　　五感练习

图4-1　正念练习图解（Ackerman，2020）

## 二、情绪理解

新型冠状病毒肺炎疫情的肆虐，打乱了我们原本平稳安宁的生活，在这一无法逃避的危机背景下,每个人都在经历着居家隔离的日子。与此同时,网络和新闻里迅捷的信息传播,让人们可以更快地了解疫情和肺炎症状,但也更容易引发焦虑、恐慌、愤怒、哀伤和愧疚等情绪。需要注意的是,在这样的全球性疫情中,我们身上会出现这些情绪反应是正常的,适当的情绪反应能够帮助我们更好地应对困难。因此,科学理解疫情下产生的各种负性情绪非常重要。下面是我们在疫情期间可能会体验到的一些情绪反应。

(一)焦虑与恐惧

天哪!没有症状的人核酸检测也是阳性的,也是感染者,居然还能传染人?

我咳嗽好几天了,这是在潜伏期吗?

…………

在新冠肺炎疫情暴发时期,相信不少人都出现过上述担心,对病毒传播性和致死性的未知加剧了我们的焦虑和恐惧,总担心肺炎会降临到自己或亲人身上。焦虑是对未来事件的担忧,恐惧则是对当前事件的反应(Castillo, et al., 2007)。过度的焦虑会引发呼吸急促、出汗、胸闷等生理反应,而恐惧心理可能会导致回避和退缩行为。在疾病暴发的特殊时期,焦虑与恐惧都是自然的反应。根据进化心理学的观点,情绪的产生具有其适应性的意义(Al-Shawaf, et al., 2016),恐惧可以帮助我们迅速发现周围的危险,并进入应激状态,调动身体的资源,以帮助我们生存。比如,我们会因为担忧恐惧而采取积极的预防措施,包括戴口罩、勤洗手、不去人口密集的场所,这些措施能够减少疾病的传播,减少感染的可能性。与此同时,也有许多人为了应对眼前和未来的困难,反而会因为焦虑而比平时更加精力旺盛,用实际行为来帮助自己和周围的人,比如,那些加入抗击疫情基层工作的社区志愿者们。

## （二）愤怒

为什么明明有了症状，还不自觉主动隔离，偏要成为移动传染源？害得这么多人感染，太可恶了！

一线的医护人员竟然没有有效的防护设备和防护措施，为什么？

……

因为疫情的暴发，我们还会因为生命安全受到威胁、原先的生活节奏和计划被打乱、患者逃离等不稳定因素，感到烦躁和愤怒。愤怒是一种强烈情绪化的心理状态，通常包含个体受到的挑衅、威胁或伤害所产生的不适感及敌对反应（Novaco，2000）。虽然愤怒可能会对个体和周围的人带来负面影响，但这是人类会一直经历的情绪，在生存中拥有其实用价值，它是一种保护机制。疫情背景下，民众产生的愤怒情绪以及在微博等社交媒体上的表达，可以让原本不把疫情当一回事的潜在感染者自觉接受隔离，也能督促相关部门进行效率化改进。

## （三）哀伤与愧疚

随着疫情形势不断严峻和持续，我们可能会对未来感到绝望，对不断攀升的确诊病例和死亡人数感到伤心，仿佛自己无论做什么都无济于事。这可能会令我们沉浸在痛苦中，对生活失去兴趣，并变得更容易哭泣。

疫情中，每一个生命的逝去、每一次希望的丧失，都可能引发我们哀伤的感受。比如，当有医务人员去世的消息传播开时，很多人都感到难以置信、惋惜、悲伤和痛彻心扉。这些感受就是哀伤，通常会在人们失去所爱或所依恋的对象（主要指亲人）时出现（Bonanno & Kaltman，2001）。疫情中，我们不知不觉地将自己与其他人紧密地联系起来，形成共同抗击疫情的联盟，我们通过哀伤来提醒自己生命的价值、确保生存的安全。这种情况下，哀伤激发了人们对自我存在的反思和对生命意义的寻求，并促使我们实现生命的成长。

与哀伤共存的是,当面对一个个生命逝去的消息时,我们可能会因为自己的无能为力而感到愧疚不安。但越来越多的人从力所能及的小事做起,将哀伤和愧疚转化为抗击疫情的建设性力量。比如,人们自发向疫区捐款和捐赠物资,有余力者积极加入协调物资的志愿者行列。

疫情期间也会有大量的积极情绪,帮助人们恢复常态,推动生活继续向前。当了解到疫情得到控制、病情有所缓解、未来又变得可控时,自然会出现积极预期,紧张的情势也得到缓和,人们重新对未来充满信心。对情绪的觉知与理解,可以促使人们针对引起情绪反应的现实情境和问题调动更多的认知资源及社会支持,更有效地解决问题,对未来有更多积极明朗的预期,重新恢复心理稳态。

## 三、情绪调节过程模型与策略

当觉察到某种情绪的存在时,我们需要对是否要去调整该情绪做出选择。情绪并不总是需要被有意识地调节。从进化心理学(周铁民,2012)的角度来看,情绪本身作为一种进化而来的适应机制,能够为人类提供有助于生存的驱动作用。疫情期间对染病的恐惧有保护功能。适度的恐惧可以促使我们面对病毒时更加谨慎小心,也更加严肃认真地听取和遵守相关部门给出的防疫建议,例如,勤洗手、用酒精消毒、戴口罩、不聚会等。适度的担忧可以促使我们去关心我们的家人、朋友,与他们保持良好的联系,给彼此提供隔离期间所需的物资支持及社会支持。适度的愤怒可以促使我们去监督可能的不公平行为,更好地保障我们自己和周围人的权益。可见,进化留给我们的情绪系统在很大程度上可以帮助我们调动资源、发现问题、解决问题。这就是情绪固有的适应驱动功能。

可是,不是所有的情绪反应都总能处于适当良好的工作状态。什么时候我们需要去对觉察到的情绪进行有意识的调节呢?这是每个人需要为自己去评估和决定的:我当下感受到的负面情绪是否非常强烈?该情绪是否持续了相当长的一段时间？该情绪是否对我的日常生活和社会关系造成了比较严重的负面影响？类似这样的对情绪的性质和影响的评估性问题，可以帮助我们去判断是否有主动调节的必要性。如果对上述某一个或全部问题的答案为"是"，那么，我们应该着重考虑起码进行个体的情绪调节，或者寻求家人、朋友的社会支持，在有需要时，还可寻求专业的心理援助。

（一）情绪调节过程理论模型

疫情期间，在觉察到某种负面情绪的存在并意识到需要调整之后，可以首先尝试进行情绪的个体内调整。情绪调节过程模型（process model of emotion regulation）是美国情绪心理学家 James Gross 于1998年提出的具有广泛学术影响力和应用价值的情绪调节模型。情绪调节过程模型的基础是情绪模态模型（modal model of emotion）（Gross，2015）。所谓情绪模态模型，指的是融合了多种情绪基础理论共同特征（包括情绪产生的情境、注意、评价及反应）的一种综合模型（见图4-2）。

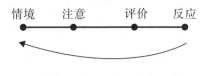

图4-2 情绪产生过程（Gross，2015）

建立在情绪模态模型基础上的情绪调节过程模型认为，情绪是沿着时间线展开的，在情绪发生时间线上的每一个模态都可以对情绪的轨迹进行调节（Gross，2015）。于是，情绪调节的起点即是情绪模态模型中情绪的起点，即情绪产生的情境。Gross（2015）提出针对情境的情绪调节包括两大类策略：情境选择和情境改变。情境选择，指的是通过选择个体所处的情境来影响情绪的产生，这里的情境包括个体所处的外部情境和个体的内部情境。在选择了个体所处的情境之后，个体可以对该情境的某些方面进行改变，以影响从情境而来的情绪反应。紧接着，处于该情境中的个体

## 第4章　积极改变：良好的情绪调节

可以选择将自己的注意部署在能够产生想要的情绪反应的点上。当个体将注意放在该情境的某个点上之后，该点可能有许多不同的可能意义，于是，个体需要对该点的意义进行评价。类似于情绪的认知评价理论（Lazarus，1991），情绪调节过程模型认为，经再次评价后的意义导致了接下来出现的具有主观体验、生理及行为元素的新的情绪的产生。最后的反应调节，指的是个体对情绪的主观体验、生理或行为上的反应进行调整。（见图4-3）

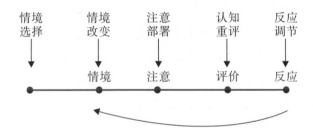

图4-3　情绪调节过程（Gross，2015）

### （二）情绪调节的具体策略

我们相信情绪调节过程模型可以很好地应用于疫情期间大众的情绪调节，上述模型中的每一个模块都可以为我们提供一些积极有效的策略。

**策略1：情境选择与情境改变**

对于已经确诊的患者和在一线工作的医务工作者而言，他们所处的情境很大程度上是无法选择的，而且高压、高风险的外部环境容易导致恐惧、愤怒、焦虑和抑郁等情绪的产生。即便如此，情境改变却是可能的。例如，我们看到一线医务工作者会在密封的防护服上写上乐观、积极、幽默或鼓励的话。有些方舱医院的患者在一定程度上对他们所处的环境进行了一些改变。目光所及不只是冷冰冰的白墙和床单，更能够看到防护服、口罩和防护镜下的希望。有研究显示，病房的颜色、光线和声音等因素都可以对一些患者的情绪和治疗满意度产生影响（胡代英、彭燕、彭小静，

2014)。虽然应对疫情，人力和医疗资源都极其珍贵，但在允许的情况下，建议通过播放轻柔的音乐、保证良好的采光等方式使患者和医务工作者处于更加有利于积极情绪产生和维持的情境当中。

对于居家隔离的社会大众，在疫情前期情境选择的空间有限。大多数人每天的大多数时间都在室内。我们看到人们在家里进行各种家庭体育和文娱活动，例如，在跑步机上跑步，在书房做瑜伽，在餐桌上打乒乓球，进行家庭舞蹈等各种健身运动。这些活动都可以突破空间的局限。而当疫情趋于稳定，不需要禁足家里时，人们则可以走出户外，到郊区公园空旷的地方跑跑步，活动身心，舒缓焦虑的情绪。当然，还要保持一定的社交距离。另外，居家隔离时期，可以多做些家务，例如，打扫家里的卫生，改变屋内物品的摆放，在阳台种种花草；还可以播放喜欢的音乐；等等。在有限的空间里，保持安心愉悦的良好状态。

**策略2：注意部署**

在情境选择及情境改变发生之后，我们仍然可以选择将注意放在个体内环境或者个体外环境的各处地方来影响随后可能出现的情绪。在该类情绪调节策略当中，最受关注也被研究最多的策略是分散注意。简单来说，就是回避信息。回避自己不想接受的情境和信息。分散注意被认为是人类自婴儿时期就学会使用的一种简单有效的情绪调节策略（Rothbart, Ziaie, & O'Boyle, 1992）。也有研究显示，对于强度比较大或者认知复杂度比较高的情绪，分散注意相比于我们接下来阐述的认知改变策略往往会更加有效。转移注意，简单易行，效果显著，但并不适合长期适用（Sheppes, Catran, & Meiran, 2009）。

对于奋战在一线的医务工作者来说，倘若巨大的工作压力导致沮丧、愤怒和倦怠等负面职业情绪出现，适时地将注意从环境中的繁重事务本身转移到与患者的沟通、与同事的相互支持或者来自家人的鼓励等方面上，可能会有所帮助。对于患者和疑似患者人群而言，取决于具体的引发某负面情绪的事件，可以考虑在情绪事件发生之后的短时间内将注意分散到一些不具有情绪色彩的中性事件上。人们可以选择性地关注一些积极有利的方面、让人更有希望的信息。如果正处于治疗阶段，我们可以多关注治疗的进展，了解乐观的变化，多关注事情进展有利的方面。

对于某些令人厌恶的刺激、负面的信息，如果我们不想过多关注，或者关注之后也无济于事，还会带坏心情，那么我们可以采取主动回避的策略。所谓眼不见，心不烦。回避对缓解焦虑有一定效果。如果有些问题特别难解决，我们也可以选择先暂时放下，而将注意转移到比较容易开展的、比较容易有进展有效率的事情上。我们可以主动关注一些更有用的事情、更愉悦的信息。不过，习惯性回避负面信息，也可能导致偏听偏信，不利于问题的解决。注意的主动部署和掌控，反映了人的自由意志。

**策略3：认知重评**

分散注意或许在短时间内可以比较高效地减少强烈的负面情绪，但是本质上，分散注意是不用花费心力去处理、评估及记忆相关的情绪信息，因此，习惯性回避并不利于个体的学习和适应（Sheppes, Catran, & Meiran, 2009）。需要付出更多认知努力的认知重评，可以弥补分散注意的这些缺点。认知重评的实质是个体对可能引起情绪反应的情境信息做出更多、更深入的分析加工和再次评估。可以根据以下几个提问进行深入分析加工和再次评估：事件发展的趋势如何？从长远来看，更好或更坏的可能性如何？自己在其中所承担的责任是什么？最好或最坏的结果是怎样的？怎样做可以使事件发展更乐观？从客观理性的角度如何评估？再次评估需要超越初次评估。一方面，认知再评可以是事后的理性梳理，这属于更进一步的情绪驱动的认知调节。另一方面，认知再评也可以是对即将发生的事件进行预期评估，以便有更充足的准备。认知再评也是认知行为治疗（cognitive behavioral therapy）（Butler, et al., 2006）的基础，通过改变对情绪事件的认知从而改变情绪轨迹。

Brooks 等人（2020）在 2020 年 3 月发表于《柳叶刀》杂志（*The Lancet*）上有关隔离的心理效应的综述文章中提到，强调隔离会使其他人更加安全，可以使被隔离的紧张情绪更缓和一点。这其实也是一种对隔离环境整体的认知重评：将对隔离的评价由限制自己的行动自由转变成保护其他人的安全。另外，在新闻报道中也曾听到这样一件事：对于医务工作者来说，厚重的防护服和巨大的劳动量使得防护服内极其闷热难忍。有心理学专家建议，医务工作者可以改变对防护服内感受的认知：把闷热和密闭理解成安全与可靠，把汗水和雾气理解成防护服在把病毒全方位地隔离开。认知重评并不需要改变情绪发生的情境或者注意的分配。在上述例子里，医务工作者仍然感受到同样的身体感觉，注意的焦点也同样放在这些感觉上，但是，因为对这些感觉的认知评价（认知解读）不同，这些感觉本身也变得更加容易接受。

简而言之，认知再评就是对产生情绪的情境换一个角度（层面、时间点）来观察和评估，其结果不仅可以舒缓紧张的情绪，更有可能扩大认知范围，从而更好地解决问题。关键是，文化认知和思维将通过认知转化与再评渗入情绪调节行动中，彰显情绪调节的文化适应特点。例如，人们常说的"塞翁失马，焉知非福""苦海无边，回头是岸""三十年河东，三十年河西"等，都在提示人们应该放眼于未来的变化，给自己足够的时间调整当下的不安与焦灼的情绪。

**策略4：人际情绪分享**

在情绪调节过程模型中，反应调节策略，指的是针对已经出现的情绪反应形态（如生理反应、表情行为和主观体验等）的调整。常见的表情行为调节是表达抑制，即抑制表情行为，比如，抑制面部表情和躯体表情的大动作，以及言语的表达。在人际互动中，人们常常需要掩盖自己的真实情绪，不愿意让别人了解自己的实情。研究显示，抑制情绪表达，容易产生负面的认知、情绪及社会后果（Gross，2002），虽然在少数以东亚人群为参与者的研究中，这样的效应会弱一些（Soto, et. al., 2011）。因此，我们并不推荐在面临疫情中的负面情绪时，采取表达抑制的情绪调节策略。相比于抑制情绪在表情和语言上的表达，我们认为，诚实、适当地向我们的家人、朋友表达我们的情绪，对情绪调节本身会有裨益。没有人是孤岛，人类是社交属性非常高的生物。越来越多的情绪调节领域的研究者开始将研究重心从传统的个体情绪调节向人际情绪调节转移；而且，近

## 第 4 章 积极改变：良好的情绪调节

年来的研究也显示，人际情绪调节相比于传统认为高效、适应性强的认知调节策略，可能具有其独特的优势（Beckes & Coan, 2011）。

社会支持，是指人们感受到的来自他人的关心和支持（Raschke, 1977）。根据社会支持理论的观点，一个人所拥有的社会支持网络越强大，就能够越好地应对各种来自环境的挑战。因此，在面对灾难时，要学会主动寻求社会支持，保持与家人、朋友的联系，分享互动，相互鼓励。

除了自己调节自己的情绪，也可以寻求他人的帮助来调节自己的情绪，或主动帮忙调节他人的情绪。这一过程便被称为人际情绪调节——人们在社会交往中调节情绪的过程（Rimé, 2007）。其中，有一种调节情绪的策略是分享自己的情绪给他人，由此满足自己的内在社会需求（Nils & Rimé, 2012）。研究发现，作为一种有效的情绪调节手段，分享情绪能够使人们体会到更强有力的社会支持（Cheung, Gardner, & Anderson, 2015），提升幸福感（Gable, et al., 2004），减轻痛苦（Bryan, et al., 2016）；同时，还能改善人际关系，促进社会融合（Niven, et al., 2015）。

写日记也是一种有效的分享方式（Pennebaker & Beall, 1986）。研究人员让不同类型的人把自己的压力或创伤事件写下来后，这些人的身心健康都得到提升（Frattaroli, 2006），比如大学生（张小聪等, 2015）、慢性疼痛患者（Graham, et al., 2008）、PTSD 患者（Possemato, Ouimette, & Knowlton, 2011）、癌症患者（Chen & Danish, 2010）、HIV/AIDS（艾滋病）患者（Cantisano, Rimé, & Munoz Sastre, 2015）。

当灾难来临时，人们容易陷入异常的心理状态，感到害怕、恐惧与焦虑。消极情绪的分享能产生积极的社会结果。例如，恐惧和悲伤的表达可以促进他人的亲社会行为，让人渴望去同情或帮助那些处于悲伤或恐惧状态下的人（Lench, Tibbett, & Bench, 2016）。经历了马德里恐怖袭击事件的西班牙市民分享了自己的情绪后，体验到的社会融合度更高，创伤恢复更好，感知到更多的幸福感（Rimé, et al., 2010）。研究发现，2008年中国汶川大地震后，幸存者分享关于地震的经历与消极情绪具有治疗作用。它能帮助地震幸存者表达并舒缓紧张情绪,在冲突的情绪中找到平衡,重新认识创伤性地震经历的意义,能够更好地走出失落与痛苦(Xu,2013)。此外,被慢性疾病困扰的患者,情绪社会分享的质量甚至与身心健康呈正相关关系(Cantisano, Rimé, & Munoz Sastre, 2015)。

在互联网时代,不少人选择在社交媒体上分享自己的情绪(Hidalgo, Tan, & Verlegh, 2015)。受同一特定情绪事件影响的人越多,他们就会更多地去分享这段经历(Neubaum, et al., 2014)。在此次新冠肺炎疫情的影响下,全国多地采取封城措施,提倡大家少出门、少聚集,更多的人在互联网上分享他们的情绪与经历。也有很多感染者选择在网络社交媒体上以文字或者视频的形式来分享自己的经历与情绪。例如,武汉某医院急诊科护士李某在感染新冠肺炎后,在微博以日记的形式和网友分享自己的状态,叙述发烧、呕吐等身体不适导致的心理崩溃、难受痛苦,以及与家人发生的趣事所带来的喜悦。与此同时,无数网友给予了她支持与鼓励,让她受到了极大的鼓舞。研究证明,在互联网上分享情绪后,会体验到更高的幸福感(Choi & Toma, 2014),不过当网友给予不好的回复时,可能会产生反效果(Choi, et al., 2015)。

**策略 5:呼吸放松训练**

不同的情绪状态下,人们的呼吸模式会有区别。当被紧张或焦虑等与压力相关的情绪包围时,呼吸会变得短而快(Hernando, et al., 2016)。当面对新型冠状病毒这种未知病毒时,过度恐慌等心理因素,导致我们时刻疑虑自身是否也受到了感染,戴口罩时易出现呼吸不畅、胸闷压迫等感受。腹式呼吸(深呼吸)是较为常见的应激处理方法,属于放松训练的一种(郭梅英、阎克乐、尚志恩,2002)。放松训练通常还包括肌肉放松、引导想象、生物反馈训练等(李京诚,2002)。腹式呼吸可以提升副交感神经活动和血液中的氧含量,调节心率和血压,降低生理唤起水平,解除身心的疲劳感(Russo, Santarelli, & O'Rourke, 2017)。瑜伽和气功中,以及佛教中的打坐、禅修都出现了对呼吸有意识的调控,也称"调息"。在临床中,腹式呼吸被用于治疗焦虑症、高血压等疾病。正念冥想也涉及对呼吸的调节,主要体现在呼吸意识上,个体尽量以一种不加评判的态度去观察自身的呼吸(Brown, Creswell, & Ryan, 2015)。

结合上述要点,可按照以下几个步骤进行腹式呼吸的练习。

首先,以身体觉得舒服、自然的姿势坐着,肌肉尽可能保持松弛的状态,闭上双眼,手可以放在腹部的位置。

其次,进行缓慢的呼气和吸气的动作。当吸气时,一点点均匀地进行,感受到气体在腹部充盈起来,可在内心默数"1,2,3,4,5",大概持续5秒;然后再自然缓慢地呼气,体会腹部凹下,同样持续5秒左右。

再者,把注意力放在每次的呼吸上,感受腹部跟随呼吸的起伏,觉察气体通过鼻腔吸入呼出的状态,想象将一切不适的感觉随从呼气和吸气的动作从身体中抽离。

最后,需要将这样的过程持续10~15分钟。

手机的一些应用,如潮汐、心潮减压等也包括众多呼吸调节的模块,并且在练习的同时会播放舒缓疗愈的音乐,或者诸如潮水声、雨滴声等白噪音,方便人们进入状态,引导进行呼吸训练。同时,还可以增加肌肉渐进性放松训练的环节,将呼吸放松与肌肉放松结合起来,使整个身体处在更舒适平静的状态。假如过程中出现呼吸困难或强烈不适感,建议及时终止并休息。

之前,世界卫生组织(WHO)在埃博拉疫情期间编写了《埃博拉病毒病暴发期间心理急救》一书,该书中也提到了放松锻炼,肯定了呼吸调节的作用。在本次疫情中,针对轻症患者或自我居家隔离者,钟南山团队也提出了呼吸康复方面的指引,大力提倡进行呼吸操训练。呼吸操是将有氧运动和呼吸调节结合的锻炼。其中,呼吸调节包括腹式呼吸。呼吸操是一项老少皆宜的居家运动,具有简单、安全、令人满意和节省的特点。新冠肺炎康复者出院后,也可考虑做呼吸操,增加肺部的通气量,尽快地恢复心肺功能，提升免疫力。

## 四、总结

　　情绪调节过程模型对疫情当中的负面情绪调节具有相当好的理论意义和应用价值。我们需要先觉察到情绪的存在，而通过正念练习和书写练习可以训练我们的情绪觉察能力。紧接着，对于觉察到的情绪，我们需要去评估是否需要进行主动调节。一般认为，如果情绪本身并没有给个体工作、生活和社会关系带来太大的困扰的话，不妨顺其自然，让情绪发挥其特定的驱动作用。如果某种情绪确实造成了相当的困扰，则可以考虑进行个体情绪调节、寻求社会支持，或者寻求专业的心理支持。在该情绪的困扰程度相对较低的情况下，我们可以考虑按照情绪调节过程模型来对情绪发生时间线上的每一个模块进行相应的调节：情境选择、情境改变、注意部署、认知重评、人际情绪分享、呼吸放松训练等。

　　我们需要看到新冠病毒全方位的危险，除了生命安全的危险，还有心理和情绪上的危险。鉴于当下中国疫情控制的卓越成绩，我们有理由相信，在不久的将来，病毒给人们生命安全带来的危险会逐渐消失。但是，基于研究，我们也有理由相信，病毒给人们心理和情绪带来的危险可能会持续相当长的时间。因此，大众有必要了解和学习情绪调节的相关知识与方法，以便更好地应对当下以及未来和病毒进行的"心理持久战"。

（胡传林　陈其锦　黄臻　郑曦　黄敏儿）

### 参 考 文 献

ACKERMAN C E, 2020. 22 Mindfulness exercises, techniques & activities for adults [EB/OL]. (2020-04-28) [2020-05-13]. https://positivepsychology.com/mindfulness-exercises-techniques-activities.

AL-SHAWAF L, CONROY-BEAM D, ASAO K, et al, 2016. Human emotions: An evolutionary psychological perspective [J]. Emotion Review, 8 (2): 173-186.

BECKES L, COAN J A, 2011. Social baseline theory: The role of social proximity in emotion and economy of action [J]. Social and Personality Psychology Compass, 5 (12): 976-988.

BONANNO G A, KALTMAN S, 2001. The varieties of grief experience [J]. Clinical Psychology Review, 21 (5): 705-734.

BROOKS S K, WEBSTER R K, SMITH L E, et al, 2020. The psychological impact of quarantine and how to reduce it: Rapid review of the evidence [J]. Lancet, 395 (10227): 912-920.

BROWN K W, CRESWELL J D, RYAN R M, 2015. Handbook of Mindfulness: Theory, Research, and Practice [M]. New York, NY, US: The Guilford Press.

BRYAN J L, LUCAS S H, QUIST M C, et al, 2016. God, can I tell you something? The effect of religious coping on the relationship between anxiety over emotional expression, anxiety, and depressive symptoms [J]. Psychology of Religion and Spirituality, 8 (1): 46-53.

BUTLER A C, CHAPMAN J E, FORMAN E M, et al, 2006. The empirical status of cognitive-behavioral therapy: A review of meta-analysis [J]. Clinical Psychology Review, 26 (1): 17-31.

CANTISANO N, RIMÉ B, MUNOZ SASTRE M T, 2015. The importance of quality over in quantity in the social sharing of emotions (SSE) in people living with HIV/AIDS [J]. Psychology, Health, & Medicine, 20 (1): 103-113.

CASTILLO R J, CARLAT D J, MILLON T, et al, 2007. Diagnostic and Statistical Manual of Mental Disorders [M]. Washington, DC: American Psychiatric Association Press.

CHEN J C, DANISH S J, 2010. Acculturation, distress disclosure, and emotional self-disclosure within Asian populations [J]. Asian American Journal of Psychology, 1 (3): 200-211.

CHEUNG E O, GARDNER W L, ANDERSON J F, 2015. Emotionships: Examining people's emotion-regulation relationships and their consequences for well-being [J]. Social Psychological and Personality Science, 6 (4): 407-414.

CHOI M, PANEK E T, NARDIS Y, et al, 2015. When social media isn't social: Friends' responsiveness to narcissists on Facebook [J]. Personality and Individual Differences,

77：209-214.

CHOI M, TOMA C L, 2014. Social sharing through interpersonal media：Patterns and effects on emotional well-being [J]. Computers in Human Behavior, 36：530-541.

FRATTAROLI J, 2006. Experimental disclosure and its moderators：A meta-analysis [J]. Psychological Bulletin, 132（6）：823-865.

GABLE S L, REIS H T, IMPETT E A, et al, 2004. What do you do when things go right? The intrapersonal and interpersonal benefits of sharing positive events [J]. Journal of Personality and Social Psychology, 87（2）：228-245.

GRAHAM J E, LOBEL M, GLASS P, et al, 2008. Effects of written constructive anger expression in chronic pain patients：Making meaning from pain [J]. Journal of Behavioral Medicine, 31（3）：201-212.

GROSS J J, 2002. Emotion regulation：Affective, cognitive, and social consequences [J]. Psychophysiology, 39（3）：281-291.

GROSS J J, 2015. Emotion regulation：Current status and future prospects [J]. Psychological Inquiry, 26（1）：1-26.

HERNANDO A, LÁZARO J, ARZA A, et al, 2016. Changes in respiration during emotional stress [C] // 2015 Computing in Cardiology Conference (CinC). IEEE：1005-1008.

HIDALGO C R, TAN E S H, VERLEGH P W J, 2015. The social sharing of emotion (SSE) in online social networks：A case study in Live Journal [J]. Computers in Human Behavior, 52：364-372.

LAMA D, EKMAN P, 2008. Emotional Awareness：Overcoming the Obstacles to Psychological Balance and Compassion [M]. London：Macmillan.

LAZARUS R S, 1991. Cognition and motivation in emotion [J]. American Psychologist, 46（4）：352-367.

LENCH H C, TIBBETT T P, BENCH S W, 2016. Exploring the toolkit of emotion：What do sadness and anger do for us? [J]. Social and Personality Psychology Compass, 10（1）：11-25.

NEUBAUM G, RÖSNER L, ROSENTHAL-VON DER PÜTTEN A M, et al, 2014. Psychosocial functions of social media usage in a disaster situation：A multi-methodological approach [J]. Computers in Human Behavior, 34: 28-38.

NILS F, RIMÉ B, 2012. Beyond the myth of venting: Social sharing modes determine the benefits of emotional disclosure [J]. European Journal of Social Psychology, 42 (6): 672-681.

NIVEN K, GARCIA D, VAN DER LÖWE I, et al, 2015. Becoming popular: Interpersonal emotion regulation predicts relationship formation in real life social networks [J]. Frontiers in Psychology, 6: 1-11.

NOVACO R W, 2000. Anger [M] //KAZDIN A E. Encyclopedia of psychology: Volume 1. New York: American Psychological Association: 170-174.

PENNEBAKER J W, BEALL S K, 1986. Confronting a traumatic event: Toward an understanding of inhibition and disease [J]. Journal of Abnormal Psychology, 95 (3): 274-281.

POGOSYAN M, 2018. The benefits of emotional awareness [EB/OL]. (2018–01–05) [2020–05–13]. https://www.psychologytoday.com/usblogbetween-cultures/201801/the-benefits-emotional-awareness.

POSSEMATO K, OUIMETTE P, KNOWLTON P, 2011. A brief self-guided telehealth intervention for post-traumatic stress disorder in combat veterans: A pilot study [J]. Journal of Telemedicine and Telecare, 17 (5): 245-250.

RASCHKE H J, 1977. The role of social participation in postseparation and postdivorce adjustment [J]. Journal of Divorce, 1 (2): 129-140.

RIMÉ B, 2007. Interpersonal emotion regulation [J]. Handbook of Emotion Regulation, 1: 466-468.

RIMÉ B, PÁEZ D, BASABE N, et al, 2010. Social sharing of emotion, post-traumatic growth, and emotional climate: Follow-up of Spanish citizen's response to the collective trauma of March 11th terrorist attacks in Madrid [J]. European Journal of Social Psychology, 40 (6): 1029-1045.

ROTHBART M K, ZIAIE H, O'BOYLE C G, 1992. Self-regulation and emotion in infancy [J]. New Directions for Child and Adolescent Development, 55 (3): 7-23.

RUSSO M A, SANTARELLI D M, O'ROURKE D, 2017. The physiological effects of slow breathing in the healthy human [J]. Breathe, 13 (4): 298-309.

SHEPPES G, CATRAN E, MEIRAN N, 2009. Reappraisal (but not distraction) is going to make you sweat: Physiological evidence for self-control effort [J]. International Journal of Psychophysiology, 71 (2): 91-96.

SOTO J A, PEREZ C R, KIM Y H, et al, 2011. Is expressive suppression always associated with poorer psychological functioning? A cross-cultural comparison between European Americans and Hong Kong Chinese [J]. Emotion, 11 (6): 1450-1455.

XIANG Y T, YANG Y, LI W, et al, 2020. Timely mental health care for the 2019 novel coronavirus outbreak is urgently needed [J]. Lancet Psychiatry, 7 (3): 228-229.

XU K, 2013. In the wake of the Wenchuan earthquake: The function of story-sharing in rebuilding communities in the quake disaster zone [J]. Asian Journal of Communication, 23 (2): 152-174.

郭梅英, 阎克乐, 尚志恩, 2002. 放松训练和腹式呼吸对应激的影响 [J]. 心理学报, 34 (4): 426-430.

胡代英, 彭燕, 彭小静, 2014. 病房环境对无症状性脑梗死病人康复的影响 [J]. 护理研究（中旬版）, 28 (3): 960-961.

李京诚, 2002. 不同放松方法的心理训练对主观松弛感和自主生理反应的影响 [D]. 北京: 北京体育大学.

世界卫生组织, 2016. 埃博拉病毒病暴发期间心理急救 [M]. 周祖木, 译. 北京: 人民卫生出版社.

张小聪, 邹吉林, 董云英, 等, 2015. 测验压力对高考试焦虑大学生工作记忆容量的影响 [J]. 中国临床心理学杂志, 23 (4): 635-638.

周铁民, 2012. 进化心理学情绪观述评 [J]. 沈阳师范大学学报（社会科学版）, 36 (6): 132-134.

## 第5章 积极改变：心理弹性的行动机制

新冠肺炎疫情刚开始时，有一类话题在年轻人中讨论得非常火热：大家努力向长辈解释疫情的严重性，劝说他们戴上口罩，过年期间尽量留在家中，减少出门的频率。但是，长辈往往不屑一顾，坚持不肯戴口罩或减少出门的频率，由此还爆发了不少家庭矛盾。这类话题的火热，背后折射出许多问题——代沟、家庭沟通、传统文化的影响等，此外，还有很重要的一点，即在面临重大的压力性事件时，人们往往需要进行一些行为上的调整，如此才能让自己安然应对压力性事件。例如，疫情来临时，就需要戴上口罩、减少聚集，这样才能保护自己和家人免受病毒侵害。做出有利的、积极的行为改变，是心理弹性重要的行动机制。然而，即使这样的行为改变有着巨大的益处，促成改变显然也并不容易。

为什么明明是有利的行为，人们却偏偏不去做？到底行为改变是如何发生的？是什么因素导致了行为的改变？我们又能做些什么，让自己或者别人做出有益的行为改变，使大家能在负性事件中保护好自己？心理学家也注意到了这些问题，并进行了深入的探讨。本章将介绍这些相关的理论和实证研究，带大家了解心理弹性的行动机制。

## 一、影响行为改变的因素

（一）结果感知：这个行为会带来多大的好处（坏处）

要劝说他人做或者不做某个行为，最直接的方法就是陈述利弊，让他们知道这样做会有什么结果。例如，我们想劝别人在疫情期间戴上口罩，可能首先就会告诉他们戴口罩的好处与不戴口罩的坏处。比如，解释病毒会通过飞沫传播，戴上口罩隔绝飞沫，就可以大大降低感染的风险；而不戴口罩则少了这层重要的防护，一旦空气中含有带病毒的飞沫，就会通过呼吸直接进入人体。同时，我们可能也会向他们强调结果的严重性：这跟普通的感冒不同，感染之后会对人体有很大的影响，出现严重的症状，甚至可能导致死亡。确实，对行为结果的感知对于行为改变而言，有着重要的影响。因此，介绍行为结果也一直是促进积极行为改变的常用策略（Schwarzer & Renner, 2000）。然而，虽然结果感知是大多数行为改变的基础，这一因素却并未对行为改变起决定性的作用——并不是知道了好处或坏处后，人们就会自然而然地去做这件事（Janz & Becker, 1984）。影响行为改变的因素还有很多，知道行为结果只是第一步。

（二）风险感知：这个结果影响"我"的可能性有多大

在了解了行为的结果之后，人们还会自行判断这个结果影响自己的可能性有多大，以此作为行为选择的重要依据——如果可能性很低，就没有改变的必要了。例如，在被劝说戴上口罩防止感染的时候，有些不愿意的人可能会认为："哪有这么夸张？难道出门买个菜，呼吸一下，这么容易就会被感染吗？路上这么多人，也不见人家出事。"这其实就是认为，结果发生的风险很低，觉得自己不戴口罩也不会有较大的可能被感染，因此，自然也就不会戴口罩了。研究发现，对风险的感知会极大地影响预防性的行为改变（即目的是预防不利结果的行为，如戴口罩、定期体检等）（Janz & Becker, 1984）。

值得注意的是，人们对行为风险的感知往往可能并不准确。例如，在艾滋病人中有一种被称为"虚假的安全感"的常见心理现象。很多人在确诊前都认为自己"永远都不可能患上艾滋病"，因为"只有吸毒者、妓女或外国人才会得艾滋病"。但作为一种性传播疾病，任何无保护性行为其实都有可能导致艾滋病毒感染。对艾滋病的污名化和对艾滋病患者的歧视，让人们误以为只有所谓"品行败坏的""滥交的"人才有可能得病，从而大大低估了自己在无保护的情况下得病的可能性，并放松了防护

(Zhou，2007)。除了污名与误解的影响，人们在面对威胁信息的时候本来就容易出现与现实不符的乐观倾向：会认为与其他人相比，负性事件更不可能发生在自己身上。这可能是一种防御性的自我提升偏差，让人在风险之中能保持控制感（Harris & Hahn，2011）。这种倾向在高风险人群中也同样常见。例如，美国一项全国性的调查就发现，吸烟者会严重低估吸烟对增加肺癌风险的影响程度，并且也认为自己与其他吸烟者相比，患上肺癌的概率会更低（Weinstein，2005）。

### （三）社会规范感知：别人是否也会这样做，这种行为别人会如何看待

作为群居动物的人类，行为举止很难不考虑他人的目光。在行为改变的过程中，人们也同样会考量此行为在自己所身处的社交圈子里有没有人也会这样做、是否会受到认可，这就是社会规范感知（Godin & Kok，1996）。这是因为过于标新立异，或是不被身边的人支持认可的行为，可能会让人受到社交排斥、被亲人朋友等疏远。因此，人们可能会因为社会规范的压力而不去做少见的或不被认可的行为。在劝导人们戴口罩应对疫情的过程中，出于社会规范感知的反对回应也屡见不鲜，比如："你看在某地（指其居住地）哪儿有人戴口罩的？""路上走着的人都不戴口罩，你戴了人家反而觉得你有问题。"社会规范的压力也能反过来让人们去做常见的或受到别人认可的行为。例如，某些饮酒和吸烟行为就是社交圈子的压力所导致的：如果身边的亲友都喜欢抽烟、喝酒，甚至以此作为社交和联络感情的方式，那么身处其中的个人就有可能为了获得他人的认可和融入亲友圈子而选择与他们一起抽烟、喝酒，哪怕自己本来并不喜欢这些行为（Rimal & Real，2003）。

### （四）控制感知：这个行为"我"是否做得到

以上几个因素让人们对行为改变的价值有了基本的判断，能评估做出改变是否值得。但除了"值不值得做"，行为改变还涉及"做不做得到"

的问题，这样的判断就是控制感知。控制感知来源于两方面：一是对行为改变障碍的感知，也就是认为做这个事情有多难；二是克服这些障碍的效能感，也就是有多大的信心克服这些困难（Montaño & Kasprzyk，2008）。

所有的行为改变都或多或少存在着一些障碍。有时候，由于外部条件的制约，个人哪怕想要达成理想的行为改变也非常困难（Champion & Skinner，2008）。例如，人们在疫情期间有强烈的口罩需求，但由于物资紧缺、管控严格，不少人想尽办法也买不到口罩，自然也就很难戴好口罩，做好严格防护了。同时，个人层面也存在着行为改变的障碍（Janz & Becker，1984）：改变可能需要付出时间、精力，要花钱，很麻烦，影响其他重要的事情，让人产生不舒服的感觉，或者对人有另外的负面影响，等等。这些都有可能削弱行为改变的动机，让行为改变难以实现。对改变障碍的感知对行为改变有着非常重要的作用——如果光想想就觉得很难做到，无论行为改变有多大的益处，恐怕人们也很难鼓起勇气真正去付诸行动。研究也发现，与结果感知和风险感知相比，障碍感知对行为的影响更大（Janz & Becker，1984）。

然而，并非存在障碍就一定会使改变无法进行。每个人都具有能动性，能克服一定程度的障碍。例如，在撰写此段的时候，笔者的丈夫就正在克服新冠疫情带来的无法出门跑步的障碍，在笔者身后做开合跳，以此坚持锻炼。而对自己能不能做到克服困难、达成行为改变的信心程度，就是改变的效能感（Bandura，1998）。大多数情况下，只有人们对行为改变有了充足的效能感，对自己能做到这样的行为有信心，才会有充足的行为意图，实施行为改变；而且效能感能让我们在遇到困难的时候保持尝试，不轻易放弃（Schwarzer & Renner，2000）。许多研究都发现，效能感对行为改变具有重要意义；而且对于复杂的、比较困难的行为改变而言，效能感的作用尤为突出（Bandura，1998；Sheeran, et al.，2016；Zhang, et al.，2019）。

虽然效能感对行为改变有重大影响，但提升效能感并不简单。它与个人的性格特征有关，例如，低自尊的人就更容易有较低的效能感，对自己

## 第5章 积极改变：心理弹性的行动机制

所要达成的目标的信心会不足（Chen, Gully, & Eden, 2004; Joseph, et al., 2014）。但是，也有一些策略可以提升人们对行为改变的效能感（Bandura, 1998; Glanz, Rimer, & Viswanath, 2008; Warner, et al., 2018）。首先，在实现复杂和困难目标的过程中，可以将目标拆分，让人看见点点滴滴的进步。这样能产生成功体验，让人看到自己一步一步达成目标的可能性，从而有效地提升人们对最终实现行为改变的信心。此外，还可以展示榜样：寻找与目标对象类似而又成功实现改变的榜样，让人看到像自己一样的人也能实现目标，从而增强信心。言语鼓励也是一种简单有效的策略。有时候只需要简单地为他（她）加油打气，告诉他（她）"你是可以做到的"，就已经能极大地增强他（她）的信心，让对方踏出改变的第一步。

以上所提到的结果感知、风险感知、社会规范感知及控制感知，都属于行为改变的认知性因素。这几项因素组合在一起，就构成了行为改变的理性权衡过程：人们会了解行为结果，并判断其影响自己的可能性有多大，考量社交圈子里其他人会不会做类似的行为，他们会不会认可这样的行为，从而评估行为的利弊、判断其对自己的价值。然后，估计做出行为改变的难度，以及自己有没有可能克服困难、达成改变。这些有关利与弊、难与易的信息仿佛天平两端的砝码，哪边的信息更多、更重要，人们的理性就会偏向相应的一边，做出改变或不改变的决定。

需要注意的是，这些因素无一例外都带着"感知"二字。这说明，在行为改变的理性权衡中，这些信息只是人们脑海中的主观信念，而不等同于客观现实。例如，人们对社会规范的感知往往并不准确，而是混合了自身理念的投射，可能会高估了自己所选行为的社会认可，或是低估了自己所拒绝的行为与社会规范的符合程度（Rimal & Real, 2003）。上文也曾提及，人们对自身风险的估计也容易产生偏差。因此，缩小感知与事实间的差距，是让人们正视现实、促成积极行为改变的重要策略。

然而，人们对行为改变的决策并非纯粹的理性权衡过程。除了行为好坏和难易的理性信息，许多非理性因素也同样对行为改变有着举足轻重的影响。

### （五）自我威胁：这样的改变是否说明"我"是一个不好的人

每个人都希望自己能拥有一个好的自我形象：有道德的、有能力的、正确的、明智的。但是，呼吁我们做出行为改变的信息往往会威胁到这些积极的自我形象。例如，劝人们戒烟的信息一般会强调吸烟的危害，甚至还会提到吸烟对身边的人的影响。对于吸烟者而言，这些信息意味着自己吸烟的习惯是错误的，自己没有意识到吸烟的坏处而做出了错误的决定，甚至还对其他人产生了不好的影响——如果认可了这些负面信息，可能也就因此威胁了吸烟者的自我形象，让他们难以对自我保持积极的看法。因此，接收到这些信息的人往往会采取自我防御的姿态，拒绝承认这些信息，也拒绝做出行为改变（Giner-Sorolila & Chaiken, 1997; Sherman, Nelson, & Steele, 2000）。

因自我威胁而导致的防御性拒绝会阻碍积极行为改变，但我们也并非完全无计可施。它本质上体现的是人们自我肯定的天性和需求，因此，如果我们在传递信息或劝说过程中加入一些肯定目标者的积极信息，自然就可以消减一部分这样的防御性拒绝（Sherman, Nelson, & Steele, 2000; Sweeney & Moyer, 2015）。例如，在劝说父母戴口罩抵御新冠肺炎疫情时，如果用这样的说辞，效果可能就会比单纯说理要更好："爸妈，你们可是家里的顶梁柱，万一倒下了，这个家可怎么办？防了总比没防有用，你们戴上口罩保护好自己，我们家人才能心安啊！"这样的劝说传达了肯定对方的积极信息，并且把戴口罩的行为改变转化为维持积极自我的手段，就能更好地减少因为自我威胁对积极行为改变的影响。

### （六）情绪：这个行为会让"我"有怎样的心情

情绪对于行为改变而言，有着重要但复杂的作用。负性情绪有时候能促进积极行为改变：由于人类天然有着生存和向好的动机，当我们处于不

## 第 5 章　积极改变：心理弹性的行动机制

对劲的、对长远发展没有好处的状态时，我们往往会自然地产生负性情绪。因此，很多时候负性情绪实际上是一种信号，能促使我们寻找自救方法，积极做出应有的行为改变（O'Leary, Suri, & Gross, 2018）。例如，如果我们知道疫情的严重性，却发现自己毫无准备，自然就会产生焦虑的情绪，担心自己无法应对接下来的冲击。这样的焦虑会促使我们去查找疫情的相关信息，了解正确的预防感染的方法，收集相应的物资，改变自己的生活方式，以减少被感染的风险。这些行动在缓解焦虑情绪的同时，也让我们做好了应对的准备。如果我们全然不焦虑、不担心，就很难有充足的动力迅速做出这些改变，最后可能无法安然度过这段艰难时期。但值得注意的是，如果负性情绪过强，有时候反而会挤占我们的思考空间，吞噬我们的应对能力，让我们更难审时度势，做出合适的行为。正如运动员虽然需要保持一定的紧张感，让自己在比赛中灵活敏感；但如果过于紧张、过于担心自己的成绩，反而表现往往会不如人意。

但有时候，积极的行为改变并不是只做出一次行动就足够的，而是需要长期维持此行为，甚至变换生活方式，才能真正减少负性事件的影响，保持人生的平衡。例如，糖尿病人在确诊后，需要改变饮食方式并长期维持，如此才能在长期疾病的影响下保持较好的生活状态。负性情绪或许可以是促使我们走出改变的第一步，但在维持行为改变的过程中，积极情绪则更为重要。如果能在行为中体验到积极情绪，那么我们对再做一次这件事情就会更有动力。而且，正如心情愉悦时，我们能与身边的人相处得更加融洽一样，积极情绪本来就能改善我们的生活状态。由此而来的积极生活状态也能进一步使积极的行为改变变得更加稳固（van Cappellen, et al., 2018）。例如，疫情的时候大家都需要坚持一段时间留在家中，减少出门的频率。如果在这个过程中，我们能想办法进行一些有意思的家庭活动，让家人在留守在家的过程中体验到快乐，他们自然就不会对不出门感到强烈的抗拒。这甚至还能增进家人之间的感情，让家庭生活更有吸引力。

### （七）影响行为改变的个人特征

除了认知、情绪和自我这些心理因素，个人特征也会影响行为的改变。例如，年龄就是对行为改变有重要影响的个人特征之一。对于年轻人和老年人而言，行为改变的机制可以有很大的差别。正如上文所提到的，行为改变既包括理性权衡过程，也包括情感判断过程。相对而言，年轻人在决定是否做出行为改变的时候，更注重根据理论和事实信息进行理性权衡。但由于年龄增长、认知能力变化，老年人会更依赖于情感判断，在决定的过程中更容易受到情绪的左右。因此，老年人会更偏好带有情绪的信息，而并非说明事实的客观信息。在日常生活中，我们确实会发现老年人更容易被语言夸张、有强烈冲击性的信息吸引，热衷于转发各种"震惊体"文章。而研究也发现，相较于以事实为主的宣传语，带有情绪的宣传语能让老年人产生更多的积极行为改变（Zhang, Fung, & Ching, 2009）。因此，在呼吁老人群体进行行为改变时，不妨基于他们这样的心理特征，多使用一些情绪信息。例如，在呼吁老人提高疫情防控意识的时候，比起官方科普式的科学理性信息，起一个类似"震惊！还以为是小感冒，五天后竟全家传染住院！预防手段竟然这么简单……""再不看就晚啦！这个几块钱的小东西竟能帮你省下几十万元医药费！"的"震惊体"文章标题，或许能让老人更容易接受。

除了年龄，不同文化、不同性别，甚至不同职业的人在心理特征上也存在着一定差异，这些因素都可能影响行为的改变。这些特征纷繁复杂，本章不再一一赘述。但这提醒我们，在实际生活或工作中，在面对不同的人群时，除了应用上文所提到的通用因素，还需要结合人群特点来推动具体的积极行为改变。

第 5 章 积极改变：心理弹性的行动机制

## 二、行为的改变是怎样发生的

通过上文的介绍，我们可以知道行为改变受到多种因素的影响，也牵涉不同心理系统的复杂运作。因此，很多时候改变都不是一瞬间的、一劳永逸的事情，而是有着不同阶段的、循序渐进的过程。不少心理学理论都从不同角度出发，描述了这样的过程（Prochaska & Velicer, 1997; Schwarzer, 2008; Weinstein, Sandman, & Blalock, 2008）。综合这些理论，行为改变的过程大体上可以分为产生意图、从意图到行动，以及维持行为三个阶段。

### （一）产生意图：从"不知道"到"想去做"

对于大多数行为改变而言，拥有行动的意图是必要的条件。但意图并不是简单的"有"或"无"，而是有着程度变化的。比如戴口罩，大多数人可能一开始是"压根不知道新冠肺炎疫情/不知道戴口罩可以防范病毒"的状态；随着信息逐渐出现，可能就变成了"知道这件事情，但没有过多在意"；之后信息渐渐增多，可能会开始思考，但"还没想好要不要戴口罩"；随着了解到的情况越发严重，最后就变成了"决定要戴口罩"。意图的增长过程可能很快，有的人或许在看到某条新闻标题的瞬间，大脑就已经跑完全程；但也可能很慢，有的人可能被劝了一个月却仍然毫不在意。但无论速度如何，意图大致上都会经历一个"不知道"→"不在意"→"没想好"→"想去做"的过程，但这并不是随着时间逐渐进展的，而是可能受到各种因素的影响，产生徘徊或摇摆的心理。例如，有一种很常见的情况是如果"要不要去做"这个最终决定太难决策（比如，信息过于复杂、利弊皆有），那么人们就有可能会从"没想好"的状态退回到"不在意"的状态——虽然知道现在的状态可能有风险，但还是放弃对这个问题的思考，不再尝试得出清晰的结论（Weinstein, Sandman, & Blalock, 2008）。

在行为改变的这个阶段里，促进改变的对应策略就是增强意图。综合理论与上文所提到的影响因素，增强意图可以从增强意识和体验负性情绪两方面入手（Prochaska, Redding, & Evers, 2008）。增强意识，是指接触支持行为改变的信息，增加对其的了解和注重程度。这些信息可以包括上文所提到的结果和风险等。在意图形成的初期，接触信息、增强意识的作用尤其重要。在这个时期，媒体更有着无法替代的作用，因为它可以以较快的速度让尽可能多的人知道当前风险的存在，并促使人们开始思考（Weinstein, Sandman, & Blalock, 2008）。体验负性情绪，则是指让目标者体会到如果不改变而继续保持当前这种有风险的行为状态，会带来什么负性情绪体验，如焦虑、担忧、恐惧等。此外，还可以让目标者预期自己做出行为改变之后，这些负性情绪会产生怎样的变化，情绪上的痛苦是否就能得到缓解。正如上文所提到的，有时候负性情绪体验会挤占人们的思考空间，反而让人无法迅速做出恰当的改变。如果让他们意识到行动起来才是解决情绪最直接的办法，则可以更进一步增强他们的意图。

## （二）从意图到行动：从"想去做"到"做"

意图虽然是行动的必要条件，却不是充分条件——很多情况下，即使拥有了足够的意图，也未必就能做出行动。有时候人们"想想也就算了"，并不会真的去做。从"想去做"到"真的做"，中间其实还会受到很多因素的牵制和影响。在这个阶段，促进行为改变的主要目标就是促成从意图到行动的转化。因此，可以解决"怎么做"这个问题的策略，在此阶段就会对行为改变有很大的推动作用。例如，在这个阶段，我们可以进一步给目标者提供信息，但有别于前期所提供的描述结果、改变结果、风险大小等有关"为什么要做"的信息，此阶段可以更注重提供与执行细节有关的"怎么做"的信息。这些信息可以为目标者提供更为清晰的行动框架，更有利于实施行为改变（Weinstein, Sandman, & Blalock, 2008）。

除了提供信息，着手计划也是推动意图实施的重要策略。在无计划的状态下,人们的行为往往是随意的、低效的,这就使指向性的行为改变的出现变得非常困难。例如,有人可能产生了戒烟的意图,想要戒烟,却没有计划好什么时候开始戒烟,那么,那个启动戒烟的时刻可能永远都不会到来。因为每一天、每一刻人们都有着其他的日常活动,或者出于各种原因抽不出精力开始戒烟的行动。这种"明日复明日"的问题可以通过制订行动计划来解决,即计划好何时、何地及如何实施行动。这样可以为行为改变指定好一个清晰的启动场景,当那个时刻到来的时候,我们就不需要再费力抉择到底此刻是进行改变还是去做别的事情,从而大大降低了启动行动的难度。但在启动行动时,我们可能还会遇到各种各样的阻碍。例如,某人已经计划好今天中午就开始戒烟了,但午饭后老板突然找他谈话,说看好他的能力,有意之后提拔他升迁。双方掏着心窝子,其乐融融,此刻老板递来一根烟……在这种时刻,戒烟还是放弃就变成了极其艰难的抉择。对于执行上的障碍,我们可以通过事先制订应对计划来解决——事先预想可能会遇到什么阻碍,在什么情况下会没办法实施行动,相应的应对办法是什么。能尽量在事前将可能出现的阻碍与可采用的应对方案计划好,就不需要在事情来临之际再思考出解决办法,从而降低了克服障碍的难度(Schwarzer,2008;Sniehotta,et al.,2005)。

以上策略都属于解决"怎么做"的问题的策略,提供了执行上的帮助。但有时候要迈出行动的第一步,可能还需要一些精神上的推动。尤其是比较重要却又比较困难的行为改变,有时候我们可能已经了解了详细的信息、充分做好了实施的计划,但到了真的要执行计划、实施行为改变的时候,心里可能还是会犯怵,会怀疑行为改变到底能不能成功,或许还会怀疑到底有没有必要费这么大的力气去做出行为改变。这样的迟疑十分常见,如果在行动前不断放大疑虑,就有可能阻碍行动的实施,甚至削弱行为改变的意图,倒退回之前的阶段。这种时候,我们就需要一些能增强行为改变的信心及加强行动意志的策略(Prochaska,Redding,& Evers,2008)。例如,上文所提到的增加效能感的策略——拆分目标、展示榜样、言语鼓励等在此阶段就非常适用。另外,一些仪式化的活动也可以在此时进一步加强行动和行为改变的意志。例如，很多人都经历过的高考誓师，其实就是一种用于增强学习意志力的仪式，类似的仪式还有新年目标、宣誓等。

### （三）维持行为：从"做一次"到"一直做"

上文也曾提到，很多积极的行为改变都不是"一锤子买卖"，而是需要持续维持的。能做出一次行为改变，并不等于就能一直坚持这样的改变，被一些阻碍"打回原形"其实是十分常见的。对于维持积极行为改变，上文所提到的很多因素和策略也同样可以使用。例如，做好何时、何地和如何重复行为的行动计划，以及制订应对计划（预想好什么困难可能会让行为改变无法维持、可以怎样应对），这些策略显然都能让行为改变更容易维持。

此外，也有一些别的策略可以适用于维持阶段（Prochaska, Redding, & Evers, 2008）。例如，我们可以持续奖励积极行为的重复——每当目标者重复一次或数次改变行为，就给予相应的奖励。学校的小红花或表扬证书、公司发给员工的工资和奖金，实际上都是这样的行为奖励。想想无论多么眷恋被窝，每天早上还是会爬出来，坚持上学上班的自己，我们就知道这个简单的策略到底是多么有效了。另外，增加提醒也是能有效帮助改变维持的方法。如果我们想要培养坚持锻炼的习惯，就可以把跑步鞋、瑜伽垫这些运动物品放在每天都能看见的显眼地方，或者在显示器上贴"记得运动"的便签。这些提醒一方面让我们没那么容易在繁忙的工作学习中忘记自己要保持的积极行为，另一方面也是让行为改变这个目标更多地进入自己的视野，提醒自己它的重要性，让我们不至于轻易放弃。此外，在需要长期维持的积极行为改变中，他人的支持所起到的作用也是不容小觑的。事实上，要持续维持积极的行为改变是十分困难而孤独的事情。改变者经常要面对许多诸如"满足欲望还是约束自我""长远目标还是短期目标"的艰难抉择，需要消耗巨大的心理能量，甚至还会经历执行的困难、改变的失败等种种打击。这样的过程往往伴随着自我怀疑、自我攻击和抑郁焦虑等多种心理困扰。这时候，对于脆弱又疲劳的改变者来说，来自他人的关怀、信任、接纳和帮助就显得非常重要。因此，如果我们要帮助别人维持行为改变，就不妨多提供一些精神上或实质性的帮助；如果我们自己需要维持行为改变，也不妨多主动寻找外部的慰藉和帮助。毕竟，孤独的战争是最难胜利的。

如果需要进行的行为改变是对不良行为的戒除，那么行为替代也是一个很好的策略。行为替代，是指用其他更有益的行为去替代原来要戒除的不良行为（Prochaska，Redding，& Evers，2008）。笔者的父亲要戒烟的时候就自己想了个法子：每当想抽烟的时候，就吃一颗抹茶奶糖。按他的说法，抹茶奶糖是他喜欢的，所以不会排斥，吃了也会高兴；而且糖里有茶，可以达到提神的效果，让他不再需要通过抽烟来打起精神。虽然不确定抹茶奶糖里面那一丁点抹茶粉到底有没有提神的功效，但在实施了这个方法一个月之后，笔者的父亲确实成功戒掉了自己几十年的老烟瘾。在戒除不良行为的时候，人们往往会有想要重拾不良行为的冲动。当这种冲动出现时，如果纯粹依靠意志力去说服自己、战胜欲望，其实会消耗很多心力和精神。所以一旦有所松懈，在心力不足的时候，改变就容易被"打回原形"。但如果我们使用了行为替代，就可以减少这种"天人交战"的情况出现，只要简单地投入替代行为里去就可以了。等一段时间过后，不良行为的冲动消失，自然也就不再那么想捡起以前的坏习惯了。

## 三、总结

面对疫情、自然灾难、社会突变或其他重大事件时，我们往往需要主动做出一些积极的行为改变，或是帮助身边的人做出改变，这样才能保证自己和所关心的人能好好适应这些事件，以免受到太多的负面影响，继续保持生活的平衡。本章介绍了积极行为改变的影响因素与变化过程，帮助大家更好地通过行动来提升心理弹性。

我们可以看到，积极的行为改变会受到许多因素的影响，而且行为改变不是一蹴而就的,而是会经历复杂曲折的变化过程。积极的行为改变本就不是轻而易举的事情,"一讲就会""一劳永逸"很多时候只是我们的希冀。缓慢、反复,甚至失败都是很正常的,不必太过苛责。

与此同时,也不应该失去希望,因为有了众多心理学家的努力,积极的行为改变也并不是一件无理可讲、无据可依的事情。我们可以通过厘清行为改变的价值(结果感知、风险感知和社会规范感知)、减少行为改变的障碍、增强改变的信心(控制感知)来促进理性权衡的过程,也可以通过减少自我威胁的影响、合理使用情绪来在非理性系统中加速改变的步伐。行为改变过程的理论则为我们提供了明确的方法,使我们能够判断到底改变是处于"产生意图"的阶段、"从意图到行动"的阶段,还是"维持行为"的阶段,从而可以采取对应的策略,推动积极行为改变的发生。

(黄嘉笙)

## 参 考 文 献

BANDURA A, 1998. Health promotion from the perspective of social cognitive theory [J]. Psychology and Health, 13 (4): 623-649.

CHAMPION V L, SKINNER C S, 2008. The health belief model [M] // GLANZ K, RIMER B K, VISWANATH K. Health Behavior and Health Education: Theory, Research, and Practice. 4th ed. San Francisco, CA: Jossey-Bass: 45-66.

CHEN G, GULLY S M, EDEN D, 2004. General self-efficacy and self-esteem: Toward theoretical and empirical distinction between correlated self-evaluations [J]. Journal of Organizational Behavior, 25 (3): 375-395.

GINER-SOROLILA R, CHAIKEN S, 1997. Selective use of heunrstic and systematic processing under defense motivation [J]. Personality and Social Psychology Bulletin, 23 (1): 84-97.

GLANZ K, RIMER B K, VISWANATH K, 2008. Health Behavior and Health Education: Theory, Research, and Practice [M]. 4th ed. San Francisco, CA: Jossey-Bass.

GODIN G, KOK G, 1996. The theory of planned behavior: A review of its applications to health-related behaviors [J]. American Journal of Health Promotion, 11 (2): 87-98.

HARRIS A J L, HAHN U, 2011. Unrealistic optimism about future life events: A cautionary note [J]. Psychological Review, 118 (1): 135-154.

JANZ N K, BECKER M H, 1984. The health belief model: A decade later [J]. Health Education Quarterly, 11 (1): 1-47.

JOSEPH R P, ROYSE K E, BENITEZ T J, et al, 2014. Physical activity and quality of life among university students: Exploring self-efficacy, self-esteem, and affect as potential mediators [J]. Quality of Life Research, 23 (2): 659-667.

MONTAÑO D E, KASPRZYK D, 2008. Theory of reasoned action, theory of planned behavior, and the integrated behavioral model [M] // GLANZ K, RIMER B K, VISWANATH K. Health Behavior and Health Education: Theory, Research, and Practice. 4th ed. San Francisco, CA: Jossey-Bass: 67-96.

O'LEARY D, SURI G, GROSS J J, 2018. Reducing behavioural risk factors for cancer: An affect regulation perspective [J]. Psychology & Health, 33 (1): 17-39.

PROCHASKA J O, REDDING C A, EVERS K E, 2008. The transtheoretical model and stages of change [M] // GLANZ K, RIMER B K, VISWANATH K. Health Behavior and Health Education: Theory, Research, and Practice. 4th ed. San Francisco, CA: Jossey-Bass: 97-122.

PROCHASKA J O, VELICER W F, 1997. The transtheoretical model of health behavior change [J]. American Journal of Health Promotion, 12 (1): 38-48.

RIMAL R N, REAL K, 2003. Understanding the influence of perceived norms on behaviors [J]. Communication Theory, 13 (2): 184-203.

SCHWARZER R, 2008. Modeling health behavior change: How to predict and modify the adoption and maintenance of health behaviors [J]. Applied Psychology, 57 (1): 1-29.

SCHWARZER R, RENNER B, 2000. Social-cognitive predictors of health behavior: Action self-efficacy and coping self-efficacy [J]. Health Psychology, 19 (5): 487-495.

SHEERAN P, MAKI A, MONTANARO E, et al, 2016. The impact of changing attitudes, norms, and self-efficacy on health-related intentions and behavior: A meta-analysis [J]. Health Psychology, 35 (11): 1178-1188.

SHERMAN D A K, NELSON L D, STEELE C M, 2000. Do messages about health risks threaten the self? Increasing the acceptance of threatening health messages via self-affirmation [J]. Personality and Social Psychology Bulletin, 26 (9): 1046-1058.

SNIEHOTTA F F, SCHWARZER R, SCHOLZ U, et al, 2005. Action planning and coping planning for long-term lifestyle change: Theory and assessment [J]. European Journal of Social Psychology, 35 (4): 565-576.

SWEENEY A M, MOYER A, 2015. Self-affirmation and responses to health messages: A meta-analysis on intentions and behavior [J]. Health Psychology, 34 (2): 149-159.

VAN CAPPELLEN P, RICE E L, CATALINO L I, et al, 2018. Positive affective processes underlie positive health behaviour change [J]. Psychology & Health, 33 (1): 77-97.

WARNER L M, STADLER G, LÜSCHER J, et al, 2018. Day-to-day mastery and self-efficacy changes during a smoking quit attempt: Two studies [J]. British Journal of Health Psychology, 23 (2): 371-386.

WEINSTEIN N D, 2005. Smokers' unrealistic optimism about their risk [J]. Tobacco Control, 14 (1): 55-59.

WEINSTEIN N D, SANDMAN P M, BLALOCK S J, 2008. The precaution adoption process model [M] // GLANZ K, RIMER B K, VISWANATH K. Health Behavior and Health Education: Theory, Research, and Practice. 4th ed. San Francisco, CA: Jossey-Bass: 123-148.

ZHANG C Q, ZHANG R, SCHWARZER R, et al, 2019. A meta-analysis of the health action process approach [J]. Health Psychology, 38 (7): 623-637.

ZHANG X, FUNG H, CHING B H, 2009. Age differences in goals: Implications for health promotion [J]. Aging & Mental Health, 13 (3): 336-348.

ZHOU Y R, 2007. "If you get AIDS… You have to endure it alone": Understanding the social constructions of HIV/AIDS in China [J]. Social Science & Medicine, 65 (2): 284-295.

# 第6章 创伤后成长

根据世界卫生组织的调查,超过70%的人一生中会遇到一次或多次创伤经历(Kessler, et al., 2017)。灾难是一种常见的创伤经历,不仅会造成人员伤亡和巨大的财产损失,还会给人们的心理带来极大的创伤。中国学者在SARS疫情和汶川大地震这两次重大灾难后进行了大量的心理学研究,发现灾难中的幸存者、家属和救助者会产生创伤后应激障碍、抑郁、焦虑和哀伤等心理症状,并且有的人在数年甚至10年以上仍受到这些心理症状的影响。20世纪90年代以来,随着积极心理学的兴起,越来越多的创伤心理学研究者认识到有必要重视个体自我复原的能力和内在成长的动力,以更全面的视角看待创伤带来的心理反应,在关注症状的同时,也要注重危机的转化和成长的实现。本章将介绍灾难后的负性和正性心理反应、创伤后成长的理论模型、创伤后成长的促进。

## 一、灾难后的负性和正性心理反应

### (一)灾难后的负性心理反应

全球每年都在发生各种各样的灾难,包括自然灾难(如地震、风灾、洪灾)、公共卫生灾难(如传染性疾病)和人为灾难(如战争、恐怖袭击)等。近20年来,伴随着国内SARS疫情、汶川大地震、雅安地震和盐城龙卷风袭击等重大灾难事件,学者对经历灾难后人们的心理反应及其特点进行了大量研究,推动了中国灾难心理学的发展。

人们在经历灾难事件后,可能会出现恐惧、无助、悲伤、逃避和警觉等心理反应。这些反应在灾难发生后的短时间内是正常的,可以视为急性应激反应。这些急性反应通常在 1 周内能通过应激事件的应对、应激环境的改善和社会支持的加强等得到缓解。不过,如果这些急性应激反应持续时间超过 1 个月,则会出现心理问题,并影响正常的工作和生活。创伤后应激障碍就是灾难等创伤事件后最典型的心理症状。PTSD 普遍存在于不同类型的灾难事件的幸存者和救援者群体中。2008 年汶川大地震后,有学者对地震幸存者的心理状况进行了调查。以青少年为例,在地震后 6 个月内,约有 20% 的青少年报告了达到临床水平的 PTSD;在地震后 2 年,这个比例下降到约 15%;在地震后 8.5 年,比例进一步下降到不足 5%(王文超、伍新春、周宵,2018)。虽然 PTSD 的发生率随着时间的推移存在下降的趋势,但值得注意的是,部分幸存者仍长期受到地震相关的 PTSD 困扰。2003 年,SARS 病毒在全球数十个国家和地区流行,其极强的传染性和没有特异性治疗的特点,给民众带来极大的恐慌。研究者在 SARS 患者返院复诊时进行调查,发现 55.1% 的 SARS 幸存者达到 PTSD 的诊断标准(刘中国等,2005);在 SARS 结束 3 个月后对 SARS 幸存者的研究发现,PTSD 的发生率为 41%(Kwek, et al., 2006);在 SARS 结束 30 个月后的研究发现,SARS 幸存者的 PTSD 发生率为 25.6%(Mak, et al., 2010);在 SARS 结束 3.5 年后的研究发现,SARS 幸存者的 PTSD 发生率为 54.5%(Lam, et al., 2009);一项 4 年的追踪研究发现,SARS 幸存者中 PTSD 的发生率为 44.1%(Hong, et al., 2009)。此外,灾难中的救援者(包括一线的医护人员、警察、消防员和部队军人等)也会受到 PTSD 的困扰。一项针对灾难救援者的元分析显示,救援者的 PTSD 发生率约为 10%,显著高于一般的民众。其中,一线医护人员的 PTSD 发生率高于消防员和警察(Berger, et al., 2012)。在 SARS 结束 2 个月后的调查发现,一线医务人员的 PTSD 发生率为 25.8%(张克让等,2006);另一项研究在 SARS 结束 13~26 个月后进行了调查,发现接触过 SARS 患者的医护人员,其 PTSD 水平显著高于没有接触过 SARS 患者的医护人员(Maunder, et al., 2006);还有研究在 SARS 结束 3 年后对医院工作人员(如医生、护士、行政人员等)进行了调查,发现 10% 的人有高水平的 PTSD 症状（Wu, et al., 2009）。

除了与创伤事件相关的心理反应 PTSD，人们在经历灾难后还可能出现抑郁和焦虑等负性心理反应，其中，在灾难中痛失亲人的人还可能出现持续的哀伤。SARS 期间的调查发现，29% 的医护人员受到情绪方面的困扰（Nickell, et al., 2004）。对出院 4 周以上的 SARS 幸存者调查发现，26% 的 SARS 幸存者有中等至严重程度的抑郁症状，32% 的 SARS 幸存者有中等至严重程度的焦虑症状（Cheng, et al., 2004）；对出院 1 个月的 SARS 幸存者进行的研究发现，14% 的幸存者达到焦虑的诊断水平，18% 的幸存者达到抑郁的诊断水平（Wu, Chan, & Ma, 2005）；在 SARS 结束 3 个月后，SARS 幸存者中抑郁与焦虑的发生率分别为 27% 和 33%（Kwek, et al., 2006）；在 SARS 结束 1 年后，SARS 幸存者的焦虑、抑郁水平持续上升，30% 的 SARS 幸存者有至少中等水平的抑郁症状，40.7% 的 SARS 幸存者有至少中等水平的焦虑症状，并且医护人员中的 SARS 幸存者的焦虑和抑郁症状更为严重（Lee, et al., 2007）。2014 年，埃博拉（Ebola）病毒疫情在非洲西部、美国、西班牙暴发，导致 6 万多人死亡。由于传染性疾病的特殊防控措施，很多人目睹了亲人遭受埃博拉病毒的折磨直至死亡，却没有机会为离世的亲人举办葬礼，这使他们的哀伤情绪得不到缓解（James, et al., 2019）。

（二）灾难后的正性心理反应

灾难会给人们带来一系列的负性心理影响，但经历灾难的人并不只是被动地承受伤害，在与苦难抗争的过程中也有可能实现积极的变化。哲学家尼采说过，"那些没有消灭你的东西，会使你变得更加强壮"（What doesn't kill you makes you stronger）。很多中国古典著作也有讲述苦难的意义，例如，《孟子·告子下》中的"故天将降大任于是人也，必先苦其心志，劳其筋骨，饿其体肤，空乏其身，行拂乱其所为，所以动心忍性，曾益其所不能"。"危机"一词包含两重含义，一是危险，二是机会，两者结合起来说明危险情境带来了威胁，但也蕴含着转变和成长的机会。虽然自古以来在不同的文化中就存在这样的思想，但从20世纪90年代以来，研究者才开始将其作为一种心理现象进行定义和研究。Tedeschi 和 Calhoun 最早提出了创伤后成长（posttraumatic growth, PTG）的概念。它是指在与具有创伤性质或重大压力的事件或情境进行抗争后所体验到的正性心理改变（Tedeschi & Calhoun, 1996）。除了创伤后成长这个概念外，还有压力相关成长（stress-related growth）、益处寻求（benefit finding）、逆境中成长（adversarial growth）等概念。不过，相比之下，创伤后成长，一方面主要关注具有创伤性质的重大压力事件，而非一般的压力事件；另一方面，强调个体在经历事情后在核心信念、价值观上的成长，而不仅是一般的积极认知和行为（Tedeschi & Calhoun, 1995）。为此，本章将采用创伤后成长这个概念进行介绍。

研究者通过对经历不同类型创伤事件的个体进行访谈等质性研究，以及运用因子分析等量化研究，总结PTG主要体现在三个方面：①自我觉知的改变，如在与创伤事件的抗争中重新认识自己的力量，更能接纳自身的脆弱性和局限性；②人际体验的改变，如更重视与朋友和家人的关系；③生命价值的改变，如用一种全新的角度欣赏每一天，珍惜每一天，更加相信灵性的力量等。（Tedeschi & Calhoun, 1996）

PTG的测量主要包括访谈法和问卷法。在访谈法中，访谈者可以提出开放性的问题，邀请受访者讲述创伤后自己的改变，由此总结积极改变的表现和特点（Shakespeare-Finch, et al., 2013）。在问卷法中，测量最常用的量表是创伤后成长量表（Posttraumatic Growth Inventory, PTGI）（Tedeschi & Calhoun, 1996）。量表列举了一些创伤后个体可能体验到的积极改变，个体评估自己在每种改变中的感受程度（如没有、很小、较小、一般、较大、很多）；通过计算量表总分，得到个体自身感受到的PTG总体水平。自PTGI发展以来，研究者对量表进行了进一步的探究和发展，包括六个方面：①简版的修订，如创伤后成长量表简版（A Short Form of the Posttraumatic Growth Inventory, PTGI-SF）（Shakespeare-Finch, et al., 2013）；②儿童版的修订，如儿童创伤后成长问卷（posttraumatic growth inventory for children)（Cryder, et al., 2006）；③跨文化的修订；④结构验证；⑤根据创伤类型对项目修订，如增加了关怀维度的癌症患者创伤后成长问卷（Morris, Wilson, & Chambers, 2013）；⑥同时评价积极改变和消极改变的量表，例如，Baker 等人（2008）编制的创伤后成长总问卷，将原有的 PTGI 作为一个测量积极改变的子维度，同时新增加了测量消极改变的创伤后损失（posttraumatic depreciation）子维度。

尽管 PTG 较好地体现了个体在创伤后实现的积极改变，但对于自我报告的 PTG 其本质内涵仍具有一定的争议。有学者认为，PTG 是一种积极幻想（positive illusion），在个体面临威胁情境时起到防御作用，以缓解内心的失衡（Taylor, Kemeny, & Reed, 1991）。而其他学者则认为，PTG 是一种真实的积极改变。例如，有研究在创伤事件发生前和创伤事件发生后分别进行测量，发现个体在自我觉知、人际体验和生命价值等方面均出现了积极提升（Gunty, et al., 2011）。通常来说，自我报告的 PTG 不是单一的，可能存在不同的成分，并且成分的组成也会随着时间的推移而发生变化。另外，在关注个体自我报告的 PTG 时，除了考虑不同成分的组成，更要关注这些成分的功能，这部分将在下面的 PTG 双成分模型中进一步展开讲述。在没有特殊说明的情况下，本章将以自我知觉的 PTG（self-perceived PTG）作为整体，假设 PTG 可能包含幻想成长和实际成长成分，但不具体区分这两种成分的比例和组成特点。

在实际应对灾难的过程中，人们可能会体验到正性的心理反应。对自然灾难的研究发现，PTG 是一种常见的灾难后正性心理反应。以汶川地震为例，在地震 1 年后，约 1/2 的成年幸存者和接近 2/3 的青少年幸存者报告了中等或以上水平的 PTG（Jia, et al., 2015；Xu & Liao, 2011）。此外，虽然 PTG 随着距离地震的时间变长而有所下降，但在很长时间内，仍然维持在较高水平（王文超、伍新春、周宵，2018）。

相比之下，关于公共卫生灾难的正性心理反应研究相对较少。初步的研究探讨了 SARS 疫情中的康复者、家属、医护人员和普通大众的积极改变。在出院后的 6 个月内，SARS 康复者报告了低到中等水平的积极改变，其中约 2/3 的康复者认为是积极改变和消极改变并存，而认为主要是积极改变和主要是消极改变的比例相当（Cheng, Wong, & Tsang, 2006; Cheng, et al., 2006）。其中，积极改变主要体现在个人的成长，更为重视人际关系和生活方式的改变（Cheng, Wong, & Tsang, 2006）。经历 SARS 疫情的医护人员认为，自己更加重视与伴侣的关系，例如，更在乎对方，看到生命的脆弱后更懂得爱的珍贵；也更加注重家庭关系，例如，更关心孩子，更多地和父母沟通，更多地与家人相处（Chan, et al., 2016）。再者，在香港 SARS 疫情完结期时，有研究者访问了普通大众在 SARS 以来的积极改变，约 2/3 的人表示，他们更在意家人的感受，也更关心自己的心理健康；另外，超过 1/3 的人表示，更注重健康的生活方式，如注意休息、放松和做运动等（Lau, et al., 2006）。但总体来看，这些研究主要在灾难期间或完结期内进行，并不能了解到灾难后正性心理反应长期的水平、变化和特点。

### （三）灾难后的负性和正性心理反应的关系

在灾难后，个体会产生创伤后的负性心理反应，也会体验到正性的心理反应，二者的关系是创伤心理学中的一个重要议题。创伤后的负性和正性心理反应并不是同一维度的两极，而是共生又相对独立的两种反应。

不同的理论对创伤后的负性和正性心理反应的关系进行了解释。一方面，有的理论认为，创伤后的心理痛苦能激发人们的认知加工，而当认知加工从自动的、反复的沉思转为具有建设性的、发现意义的思考时，可能会发展出 PTG。但要注意的是，若这种心理痛苦水平过高，例如，达到临床标准的 PTSD 或抑郁，则会降低个体的应对能力，也不利于 PTG 的形成。已有实证研究支持了这种观点，发现 PTSD 和 PTG 呈现正相关或曲线相关关系（Liu, et al., 2017; Shakespeare-Finch & Lurie-Beck, 2014）。另一方面，有的理论认为，PTG 是个体在创伤事件后积极重建核心信念的体现，通过发现创伤事件的意义，可以缓解心理痛苦。这种观点也得到了实证研究的支持，即发现 PTG 和负性心理反应呈负相关的关系（Sawyer,

Ayers, & Field, 2010)。

创伤后的负性和正性心理反应的关系还受到多种因素的影响，例如，距离创伤事件发生的时间、创伤事件的类型及个体的特征（如年龄等）和环境特征（如社会支持、家庭氛围等）。具体而言，距离创伤事件发生的时间越近，两者的关系更强，而随着时间发展，两者关系在变弱（Liu, et al., 2017；Sawyer, Ayers, & Field, 2010）。战争幸存者和自然灾难幸存者的PTSD症状和PTG相关更强，而在疾病患者群体中，两者的关系相对较弱（Liu, et al., 2017；Shakespeare-Finch & Lurie-Beck, 2014）。

近年来，研究者开始注重从个体取向视角探讨创伤后心理反应的类型，以了解负性和正性心理反应在不同个体中共存的特点，揭示负性和正性心理反应的不同类型，并考察不同类型的发展轨迹和影响因素。在雅安地震6个月后，震中地区的儿童和青少年的创伤后心理反应呈现出三种类型：①复原型：低PTSD症状和低PTG；②成长型：低PTSD症状和高PTG；③抗争型：高PTSD症状和高PTG（Chen & Wu, 2017a）。在震后2年内，这些儿童和青少年存在不同心理反应类型的发展轨迹，他们大部分维持初始的心理反应类型，但有的心理反应类型发生了转变，例如，从抗争型或成长型转为复原型，以及从成长型转为抗争型等（Chen & Wu, 2017b）。

目前，对公共卫生灾难后不同群体的负性和正性心理反应关系的研究还很少。有一项关于SARS康复者的研究显示，PTG能减少康复者的抑郁和焦虑症状，但具体分析发现，个人成长能显著减少情绪症状，而关系成长则增加抑郁和焦虑症状。这可能是因为康复者一方面意识到关系（尤其是家庭关系）的重要性，但另一方面，疾病对身体的影响也可能让他们感觉自己不能为家庭付出很多，因此，这种关系的成长也增加了情绪症状（Cheng, et al., 2006）。但总体来看，仍需要更多地研究、探讨公共卫生灾难后负性和正性心理反应关系，并且考察在不同阶段两者关系的特点，探讨个体和环境因素的影响。

## 二、创伤后成长的理论模型

基于临床实践和实证研究，学者提出了不同的模型以解释 PTG 的性质、PTG 的形成机制及 PTG 与创伤后负性心理反应的关系。本章将介绍三个最为常用的 PTG 理论模型。

### （一）创伤后成长的功能描述模型

Tedeschi 和 Calhoun 在 2004 年提出了 PTG 的功能描述模型（functional-descriptive model），并在 2018 年根据研究证据的发展对模型进行了修订（Tedeschi，et al.，2018）（见图 6-1）。他们认为，个体在经历创伤事件前具有关于个人、关系和世界等的核心信念，有其个体特征与所处文化背景。创伤事件可能会冲击个体的核心信念，引发个体的痛苦情绪。若核心信念能为事件提供解释框架，个体的情绪困扰会逐渐缓解，形成心理弹性。若创伤事件震撼或毁坏了个体的核心信念，同时，个体体验到强烈的情绪困扰，则会引发个体反复的沉思（反刍），以及试图减轻痛苦的行为尝试。最初，反刍多是自动发生的，表现为经常回到创伤相关问题的思考，例如，反复思考创伤事件为何发生、为何不能避免等。在最初的应对成功之后，个体的痛苦情绪减轻，并可能重新调整自己的思考，设置新的目标。随后，反刍则变得更加主动，如主动思考创伤及其对生活的影响等，逐渐重建创伤事件的意义，形成更有建设性的核心信念，将创伤事件纳入自身的生命叙事中。随着接纳发生改变的世界，个体会发现自己在核心信念上的变化，例如，与他人关系更亲近、新的可能性、个人成长、灵性的改变和感恩生活等。这些成长使得个体可能更加有弹性，拓展其应对方式，使个体感受到智慧的提升，更能关怀他人和参与服务行动等。个体在认知加工过程中，可能会运用反思、书写和祈祷等方式进行自我分析，也可能运用倾诉、分享和表达等方式进行自我暴露。这些可以协助个体进行认知加工，进而可能缓解痛苦的情绪并促进危机应对。此外，社会文化

# 第6章 创伤后成长

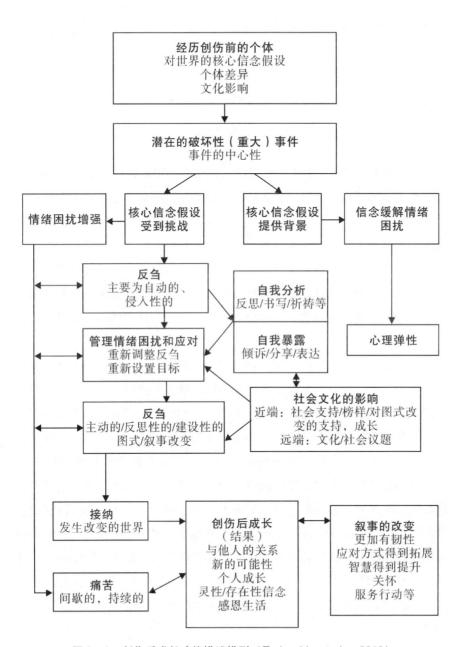

图6-1 创伤后成长功能描述模型（Tedeschi, et al., 2018）

因素也会影响个体的认知加工，例如，社会支持和榜样会促进个体对事件进行建设性的意义加工。因此，创伤后通过认知加工重建核心信念是 PTG 形成的重要过程，适度的情绪困扰能起到维持认知加工过程的作用，而自我暴露、社会文化因素能促进建设性的认知加工。

## （二）创伤后情感－认知加工模型

Joseph 和 Linley（2006）根据以人为中心的理论，探讨了创伤后个体的成长动力和过程。人有一种天生的内在动机，驱动着个体通过有机体评价过程（organismic valuing process），将经验和自我图式整合在一起。创伤事件是一种与原有自我图式极为不一致的经验，面对两者的不一致，个体会本能地启动有机体评价过程，将两者进行整合。这一认知过程会受到社会环境的影响，当社会环境能够满足个人的关怀、自尊和自主等基本需求时，个体机能正常发挥，更可能走向成长；而当社会环境不良时，则会限制、阻碍或扭曲个体机能的发挥。Joseph、Murphy 和 Regel（2012）由此提出了创伤后情感－认知加工模型（posttraumatic affective-cognitive processing model）（见图 6－2）。该模型尝试用整合的视角看待创伤后出现的应激反应和积极心理变化。在创伤事件后，创伤前的核心信念和创伤体验的反差驱使个体进行认知－情感加工，个体会经历对于创伤事件的认知、评价（反刍）、情绪状态和应对的过程，并可能在这四个过程中循环往复，直到反差通过同化或顺应而得到消解。人格和社会环境背景的因素也会影响这个过程。Joseph、Murphy 和 Regel（2012）认为，创伤后应激症状是对创伤事件的认知评估和情绪状态的相互作用的一种体现，具体表现为情绪的高警觉和认知的闯入及回避；而创伤后成长则是认知评估和人格图式（核心信念）的相互作用的结果，代表人格图式（核心信念）的积极改变，是对自我、人际和生命等核心议题的积极领悟。

第 6 章 创伤后成长

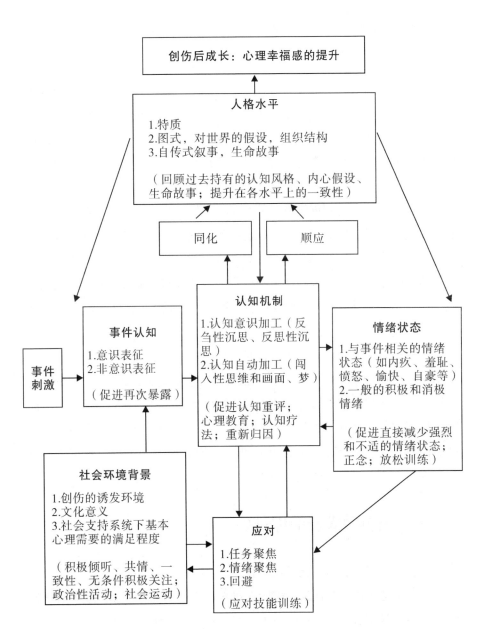

图 6-2 创伤后情感-认知加工模型（Joseph, Murphy, & Regel, 2012）

### (三）创伤后成长的认知双成分模型

Zoellner 和 Maercker（2006）提出了 PTG 的认知双成分模型（a two-component cognitive model of PTG）。他们认为，自我报告的 PTG 包含两种成分，一种是建设性的、自我超越的成分，而另外一种是幻想的、自我欺骗的成分。自我超越成分代表的是功能描述模型和创伤后情感-认知加工模型中的 PTG，是个体在与创伤事件抗争后形成的一种自我超越的心理结果。幻想成分代表的是一种积极幻想，指个体在创伤后，通过一定程度的自我增强幻想，感觉到创伤事件的意义，以缓解当下的创伤。两种成分的发展及其与心理适应的关系，在创伤后的不同阶段可能存在不同趋势。在创伤事件发生早期，个体报告的 PTG 可能更多的是一种积极幻想，能帮助个体减缓危机事件带来的冲击和压力。若这种幻想成分没有伴随认知回避，一般不会影响个体长期的适应；然而，如果幻想成分伴随着认知回避，例如，刻意避免回想创伤事件，可能不利于个体对创伤事件进行认知加工，从而难以整合经验和图式，对长期的适应可能带来负性影响。随着创伤应对过程的进行，幻想成分会逐渐减少，自我超越和建设性成分则逐渐增加。自我超越成分通常能让患者更积极地面对创伤后的生活，更可能减少临床的负性症状。由于不同个体自我报告的 PTG 成分可能存在不同特点，在与个体工作时，需要倾听和区分 PTG 的不同成分，尊重个体自我增强的需要，协助个体面对创伤，以获得自我超越的成长。

## 三、创伤后成长的促进

虽然已有理论和研究对 PTG 的性质内涵、形成过程及其与心理适应的关系有一定的探讨和认识，但学者仍然认为，在临床干预实践中对 PTG 的促进要非常谨慎（Roepke, 2015；Tedeschi, et al., 2018）。创伤后成长的概念和理论一方面为创伤干预提供了一个更为全面的视角，强调看到个体在创伤后的走向和获得成长的可能性；但另一方面，也要尊重每个个体自身的情况，认识到不是每个个体都会走向成长，获得PTG也不是创伤恢复所必需的。以下首先阐述促进PTG的基本原则，再介绍促进PTG的方法，以及在促进PTG时需要注意的地方。

(一) 基本原则

Calhoun和Tedeschi（2012）认为，PTG不是某种创伤治疗的技术，而是创伤治疗中的一种视角。传统的创伤治疗主要关注症状，强调以症状缓解为治疗目标，但很少探讨和关注个体在创伤后的心灵成长。创伤对人的心理与心灵都会产生冲击，心理活动与心灵活动都是一种个人的内在心理状态，会随着时间的变化而变化。心理通常是个人对环境的反应，包括被动地对各种环境刺激的情绪反应；而心灵通常是个人对生涯、生命的主张、信仰，以及对某种价值观的坚持。PTG的提出，拓展了创伤治疗的视角，不把个体在创伤后出现的"非正常"反应仅视为负性心理症状，而是关注到个体在这些症状背后的认知和情绪加工过程，看到个体在这一历程中对重建基本图式和核心信念做出的努力，并协助个体进行自我探索，发现成长的线索，最终促进个体获得真正的心灵成长。

促进PTG是一种"非指导性"（non-directive）的实践。采用这种非指导性的实践主要是基于相信个体具有从创伤中成长的能力，通过营造真诚、尊重和接纳的氛围，让个体的机能正常发挥，协助个体发展整合创伤事件的图式，陪伴个体走向成长。

(二) 促进方法

基于促进PTG是一种非直接指导式的实践，在创伤干预中，通常并非直接教导个体如何在创伤中成长的方法，而是通过对有助于PTG形成的影响因素的促进，让个体在过程中逐渐发现、体会和巩固自己的成长。根据PTG的理论模型，对创伤事件的认知加工、强烈的痛苦情绪的缓解、探寻和发现意义、自我表露与社会支持等因素能促进PTG的形成。一些创伤治疗中常用的干预方法能够促进以上这些因素的形成（Roepke,

2015)。

认知行为治疗，常运用认知和信念重建、想象暴露、放松训练及情绪管理等技术，帮助个体建立关于创伤事件的较为全面和准确的认知，重建积极信念，并缓解痛苦的情绪，从而有助于个体 PTG 的形成。叙事和表达治疗也是促进 PTG 的一种常用的方法。有研究设置了 4 种叙说的情境（书写、对录音机叙说、对被动倾听者叙说和对主动促进者叙说），发现相较于控制组，经历创伤的个体在诉说后 6 周时报告了更高水平的 PTG，并且四种诉说情境之间没有显著的差异（Slavin-Spenny, et al., 2011）。还有一项针对经历过伊拉克战争的难民的研究，采用了短程叙事疗法，包括个体的初始叙事、修改和增强叙事，以及创伤叙事、由叙事探讨对未来的担心、目标和希望 3 次干预。结果发现，接受了叙事疗法干预的难民在 2 个月和 4 个月的随访中都报告了更高水平的 PTG（Hijazi, et al., 2014）。通过书写、叙说和自我表达，个体可以呈现对事件相关的认知和情绪。这时，咨询师可以陪伴个体对创伤叙事和生命叙事进行探索，邀请其进行更充分的表露，理解创伤事件对个体自我、关系和生命的影响，以促进个体对创伤后世界的接纳，并发现积极的意义。此外，团体形式的干预也是促进 PTG 的一种有效方式。对创伤类型相同的同质团体，彼此经历的共同性有利于营造一种安全的氛围，让彼此感受到一种联结。在团体干预中，成员是叙说者，也是倾听者。共同的经历让成员们更愿意放下顾虑，分享自己的故事和感受。成员们在倾听他人的叙说时，对自己的经历会有更多的觉察和审视，对自己的经历也会有更全面的认识。通过这种分享，成员们对创伤及创伤后的处境有了重新的认识，感受到接纳和支持，从而更有力量面对创伤的挑战，重建适应性的信念。

（三）注意事项

在促进 PTG 时，有几个地方需要注意。第一，虽然人有内在的成长动力，但在实践中，需要理解不是所有人在经历创伤后都会获得成长，而且获得成长也不是创伤恢复的终点。临床工作者必须要有谨慎的态度，不

## 第6章 创伤后成长

要让个体感觉到必须从创伤中获得成长的压力。第二，不要低估和回避受创者负性的体验。正如本章"灾难后的负性和正性心理反应的关系"这一部分内容所呈现的，创伤可能给个人带来严重的、长期的负性影响，临床工作者需要理解这些心理痛苦，从而帮助个体缓解其强烈的心理痛苦，让个体在这段痛苦的历程中感受到被接纳和支持，而不必着急地提出成长的变化。第三，临床工作者要认识到自我报告的PTG可能存在自我超越和幻想的成分，若有的受创者在创伤发生后早期已经谈到自己的积极改变与成长，注意不要急于肯定和鼓励，应更仔细地倾听其诉说，避免其通过幻想的成长来压抑真实的感受，并随着创伤应对过程增强受创者的自我超越的建设性成长。第四，考虑创伤事件的特点对PTG促进的影响。例如，社会支持是PTG的重要促进因素，但在疫情事件中，疾病的传染性和防控的隔离手段拉开了人与人之间的距离，康复者也可能感受到社会的歧视和排斥。在实践中，需要考虑到事件的背景和特点，并以适当的方式缓解这些不利因素，为促进PTG创造有利的环境。

## 四、总结

在经历了地震、战争和疫情等灾难事件后，幸存者、家属和救助者可能会出现一系列的负性心理反应，如创伤后应激障碍、抑郁、焦虑和哀伤等心理症状。但人们并不是被动地承受灾难带来的负性影响，而是会面对灾难带来的挑战，适应和改变灾难发生后的世界。在与灾难的抗争中，有的人会体验到创伤后成长，例如，在自我觉知、人际关系和生命价值上的积极改变。创伤后的认知加工、情绪管理和意义建构是PTG形成的重要因素；自我表露和社会支持能为情感—认知—意义的加工过程提供条件和环境，以促进PTG的形成。自我报告的PTG可能既有自我超越的、建构的成分，也有幻想的成分。在创伤早期，幻想成分可能较多，对患者的压力起到一定的缓冲作用；若幻想成分没有抑制个体的认知加工，则可能随着创伤应对转成自我超越的成分。PTG为创伤干预提供了一个更为全面的视角，临床工作者需要意识到个体在创伤后成长的可能性，在创伤干预中营造安全、尊重、接纳的氛围，促进个体的认知加工、情绪管理和意义建构，让个体探索、体会和感悟到自己的成长。

（陈杰灵　田雨馨）

## 参 考 文 献

BAKER J M, KELLY C, CALHOUN L G, et al, 2008. An examination of posttraumatic growth and posttraumatic depreciation: Two exploratory studies [J]. Journal of Loss & Trauma, 13 (5): 450-465.

BERGER W, COUTINHO E S F, FIGUEIRA I, et al, 2012. Rescuers at risk: A systematic review and meta-regression analysis of the worldwide current prevalence and correlates of PTSD in rescue workers [J]. Social Psychiatry and Psychiatric Epidemiology, 47 (6): 1001-1011.

CALHOUN L G, TEDESCHI R G, 2012. Posttraumatic Growth in Clinical Practice [M]. London, UK: Routledge.

CHAN K L, CHAU W W, KURIANSKY J, et al, 2016. The Psychosocial and Interpersonal Impact of the SARS epidemic on Chinese health professionals: Implications for epidemics including Ebola [M] // KURIANSKY J. The Psychosocial Aspects of a Deadly Epidemic: What Ebola has Taught Us about Holistic Healing. Santa Barbara, CA: Praeger/ ABC-CLIO: 191-212.

CHEN J, WU X, 2017a. Post-traumatic stress symptoms and post-traumatic growth among children and adolescents following an earthquake: A latent profile analysis [J]. Child and Adolescent Mental Health, 22 (1): 23-29.

CHEN J, WU X, 2017b. Posttraumatic stress symptoms and posttraumatic growth in children and adolescents following an earthquake: A latent transition analysis [J]. Journal of traumatic stress, 30 (6): 583-592.

CHENG C, WONG W M, TSANG K W, 2006. Perception of benefits and costs during SARS outbreak: An 18-month prospective study [J]. Journal of Consulting and Clinical Psychology, 74 (5): 870-879.

CHENG S K W, CHONG G H C, CHANG S S Y, et al, 2006. Adjustment to severe acute respiratory syndrome (SARS): Roles of appraisal and post-traumatic growth [J]. Psychology & Health, 21 (3): 301-317.

CHENG S K W, WONG C W, TSANG J, et al, 2004. Psychological distress and negative appraisals in survivors of severe acute respiratory syndrome (SARS) [J]. Psychological Medicine, 34 (7): 1187-1195.

CRYDER C H, KILMER R P, TEDESCHI R G, et al, 2006. An exploratory study of posttraumatic growth in children following a natural disaster [J]. American Journal of Orthopsychiatry, 76 (1): 65-69.

GUNTY A L, FRAZIER P A, TENNEN H, et al, 2011. Moderators of the relation between perceived and actual posttraumatic growth [J]. Psychological Trauma: Theory, Research, Practice, and Policy, 3 (1): 61-66.

HIJAZI A M, LUMLEY M A, ZIADNI M S, et al, 2014. Brief narrative exposure therapy for posttraumatic stress in Iraqi refugees: A preliminary randomized clinical trial [J]. Journal of Traumatic Stress, 27 (3): 314-322.

HONG X, CURRIER G W, ZHAO X, et al, 2009. Posttraumatic stress disorder in convalescent severe acute respiratory syndrome patients: A 4-year follow-up study [J]. General Hospital Psychiatry, 31 (6): 546-554.

JAMES P B, WARDLE J, STEEL A, et al, 2019. Post-Ebola psychosocial experiences and coping mechanisms among Ebola survivors: A systematic review [J]. Tropical Medicine and International Health, 24 (6): 671-691.

JIA X, YING L, ZHOU X, et al, 2015. The effects of extraversion, social support on the posttraumatic stress disorder and posttraumatic growth of adolescent survivors of the Wenchuan Earthquake [J]. PloS One, 10 (3): e0121480.

JOSEPH S, LINLEY P A, 2006. Growth following adversity: Theoretical perspectives and implications for clinical practice [J]. Clinical Psychology Review, 26 (8): 1041-1053.

JOSEPH S, MURPHY D, REGEL S, 2012. An affective-cognitive processing model of posttraumatic growth [J]. Clinical Psychology & Psychotherapy, 19 (4): 316-325.

KESSLER R C, AGUILAR-GAXIOLA S, ALONSO J, et al, 2017. Trauma and PTSD in the WHO World Mental Health Surveys [J]. European Journal of Psychotraumatology,

8 (sup5): 1353383.

KWEK S K, CHEW W M, ONG K C, et al, 2006. Quality of life and psychological status in survivors of severe acute respiratory syndrome at 3 months postdischarge [J]. Journal of Psychosomatic Research, 60 (5): 513-519.

LAM M H, WING Y K, YU M W, et al, 2009. Mental morbidities and chronic fatigue in severe acute respiratory syndrome survivors: Long-term follow-up [J]. Archives of Internal Medicine, 169 (22): 2142-2147.

LAU J T F, YANG X L, TSUI H Y, et al, 2006. Positive mental health-related impacts of the SARS epidemic on the general public in Hong Kong and their associations with other negative impacts [J]. The Journal of Infection, 53 (2): 114-124.

LEE A M, WONG J G, MCALONAN G M, et al, 2007. Stress and psychological distress among SARS survivors 1 year after the outbreak [J]. Canadian Journal of Psychiatry, 52 (4): 233-240.

LIU A N, WANG L L, LI H P, et al, 2017. Correlation between posttraumatic growth and posttraumatic stress disorder symptoms based on Pearson correlation coefficient: A meta-analysis [J]. Journal of Nervous and Mental Disease, 205 (5): 380-389.

MAK I W, CHU C M, PAN P C, et al, 2010. Risk factors for chronic post-traumatic stress disorder (PTSD) in SARS survivors [J]. General Hospital Psychiatry, 32 (6): 590-598.

MAUNDER R G, LANCEE W J, BALDERSON K E, et al, 2006. Long-term psychological and occupational effects of providing hospital healthcare during SARS outbreak [J]. Emerging Infectious Diseases, 12 (12): 1924-1932.

MORRIS B A, WILSON B, CHAMBERS S K, 2013. Newfound compassion after prostate cancer: A psychometric evaluation of additional items in the Posttraumatic Growth Inventory [J]. Supportive Care in Cancer, 21 (12): 3371-3378.

NICKELL L A, CRIGHTON E J, TRACY C S, et al, 2004. Psychosocial effects of SARS on hospital staff: Survey of a large tertiary care institution [J]. Canadian Medical Association Journal, 170 (5): 793-798.

ROEPKE A M, 2015. Psychosocial interventions and posttraumatic growth: A meta-analysis [J]. Journal of Consulting and Clinical Psychology, 83 (1), 129-142.

SAWYER A, AYERS S, FIELD A P, 2010. Posttraumatic growth and adjustment among individuals with cancer or HIV/AIDS: A meta-analysis [J]. Clinical Psychology Review, 30 (4), 436-447.

SHAKESPEARE-FINCH J, LURIE-BECK J, 2014. A meta-analytic clarification of the relationship between posttraumatic growth and symptoms of posttraumatic distress disorder [J]. Journal of Anxiety Disorders, 28 (2): 223-229.

SHAKESPEARE-FINCH J, MARTINEK E, TEDESCHI R G, et al, 2013. A qualitative approach to assessing the validity of the Posttraumatic Growth Inventory [J]. Journal of Loss & Trauma, 18 (6): 572-591.

SLAVIN-SPENNY O M, COHEN J L, OBERLEITNER L M, et al, 2011. The effects of different methods of emotional disclosure: Differentiating post-traumatic growth from stress symptoms [J]. Journal of Clinical Psychology, 67 (10): 993-1007.

TAYLOR S E, KEMENY M E, REED G M, 1991. Positive illusions and adjustment to threatening events [M] // STRAUSS J, GOETHALS G R. The Self: Interdisciplinary Approaches. New York, NY: Springer-Verlag: 239-254.

TEDESCHI R G, CALHOUN L G, 1995. Trauma and Transformation: Growing in the Aftermath of Suffering [M]. Thousand Oaks, CA: Sage.

TEDESCHI R G, CALHOUN L G, 1996. The Posttraumatic Growth Inventory: Measuring the positive legacy of trauma [J]. Journal of Traumatic Stress, 9 (3): 455-471.

TEDESCHI R G, SHAKESPEARE-FINCH J, TAKU K, et al, 2018. Posttraumatic Growth: Theory, Research, and Applications [M]. New York, NY: Routledge.

WU K K, CHAN S K, MA T M, 2005. Posttraumatic stress, anxiety, and depression in survivors of severe acute respiratory syndrome (SARS) [J]. Journal of Traumatic Stress, 18 (1): 39-42.

WU P, FANG Y, GUAN Z, et al, 2009. The Psychological impact of the SARS epidemic on hospital employees in China: Exposure, risk perception, and altruistic acceptance of risk [J]. Canadian Journal of Psychiatry, 54 (5): 302-311.

XU J, LIAO Q, 2011. Prevalence and predictors of posttraumatic growth among adult survivors one year following 2008 Sichuan earthquake [J]. Journal of Affective Disorders, 133 (1-2): 274-280.

ZOELLNER T, MAERCKER A, 2006. Posttraumatic growth in clinical psychology: A critical review and introduction of a two component model [J]. Clinical Psychology Review, 26 (5): 626-653.

刘中国, 张克让, 卢祖询, 等, 2005. SARS患者恐怖情绪的追踪研究 [J]. 山西医科大学学报, 36 (1): 62-64.

王文超, 伍新春, 周宵, 2018. 青少年创伤后应激障碍和创伤后成长的状况与影响因素: 汶川地震后的10年探索 [J]. 北京师范大学学报 (社会科学版) (2): 51-63.

张克让, 徐勇, 杨红, 等, 2006. SARS患者、医务人员及疫区公众创伤后应激障碍的调查研究 [J]. 中国行为医学科学, 15 (4): 358-360.

# 第7章 感恩之心

疫情期间，打开手机、电视，随处可见关于各国各地的病例、死亡人数增长等的新闻，人们心中时时紧绷着一根弦，身心浸泡在常态性的焦虑和担忧情绪之中。焦虑和担忧作为消极情绪[①]，其重要的进化功能是调动全身心的资源，使得认知资源和身体精力都聚焦在可能的危险上，从而帮助我们及时应对、逃离危险，提高存活概率。但是，它也有副作用。当人长期处在消极情绪中时，容易造成情绪健康的失衡，认知上过度夸大危险性，身体上体力快速消耗，免疫力下降。那么，如何平衡心中诸如焦虑和紧张的消极情绪呢？最有效的方法就是增强积极的情绪体验。因为积极情绪的重要健康功能就是对消极情绪有撤销效应（undoing effect），即有效缓和消极情绪在身体和心理层面造成的紧绷，放松身心，恢复平衡状态（Fredrickson，2001）。感恩之心，是无论任何国家、民族和意识形态的人类都能体验到的共通的、普世的、最有力量的情绪体验之一。它也是最能有效缓和消极情绪的积极情绪之一。

感恩并非只有在美好、幸福的时刻才能体验到。相反，很多人在遭遇重大的困难乃至灾难时体验到了强烈的感恩情绪。有心理学研究发现，感恩是飓风幸存者的主要情绪。幸存者意识到在飓风这种极端条件下，很可能会发生的坏事并没有发生在自己身上，为自己仍然活着而感激上苍（Coffman，1996）。在艰难乃至灾难降临的时刻，人们比以往更多地意识到自己所视而不见的美好、一直拥有着却忽略了的幸福，从而升起感恩之心。这一章，我们将结合心理学最新的研究成果，从何为感恩之心、感恩之心的积极影响、激发感恩的条件及培养感恩之心几个方面进行探讨。

---

[①] 消极情绪是心理学概念，其"消极"指的是情绪的效价，并非指"不好的"。

# 一、何为感恩之心

## （一）感恩的概念

不同的研究者对感恩进行了不同的定义。有研究者从情感的角度来研究感恩，也有研究者把感恩作为一种优势或美德进行研究（Park，Peterson，& Seligman，2004），认为感恩可有效促进个人的幸福感，并提升其品格与美德水平。有研究者从认知的角度，将感恩定义为对从别人那里获得有价值之物的承认（Emmons & Mishra，2011）；还有研究者采取综合性的观点，认为感恩心理由意识、情绪和行为三个成分组成。

感恩，可分为状态性感恩和特质性感恩。状态性感恩，是一种情绪感受，是指当个人感受到了自己的受益，并且知道这份受益是源自他人而产生的美好和温暖的积极体验（Watkins，2007）。特质性感恩，是一种性格特质，是指个人倾向于对他人的善举感受到珍贵和美好（McCullough，Emmons，& Tsang，2002）。特质性感恩水平高的人具有三个方面的特点：①高强度，在受益时有强烈的感恩体验；②高频率，每天都会多次体验到感恩，甚至是简单的一声"谢谢"也能诱发感恩情绪；③高密度，在一件积极事件中感谢的对象更多。简而言之，特质性感恩水平高的人就是很容易、很频繁地升起感恩之心的人。

当一个人认知到"他们身上发生了好事，并且认为这件好事是来源于他人"时，他们就会体验到感恩（Watkins，2007）。这一定义的几个方面值得详细阐述。首先，"好事"不仅仅是刚刚发生的对自己有益的事情。个人可能会回忆或意识到过去的好处，并因此体验到感激，它不受时间的限制。而当意识到长期以来一直都有却被忽视的获益时，人们会心生感恩之心。例如，在结婚周年纪念日，丈夫可能会开始反思妻子给予他的诸多帮助，那些帮助他一直认为是理所当然的事情。此外，"好事"不仅是指给个人带来利益的积极变化，也可能是消除痛苦、避免灾难的事件。

例如，一家民航客机遇上了强烈的雷电风暴，惊心动魄、摇摇摆摆地下降，最终在机场成功迫降，机舱内爆发出了一阵持久不息的掌声。此时飞机上很多人都对安全着陆怀着感恩之心，因为可能发生在自己身上的灾难没有发生，从而心生感恩（Coffman，1996）。

## （二）负债感不是感恩

谈论感恩则不得不提到负债感。事实上，在日常生活中，很多时候人们以为的感恩体验，其实并不是感恩，而是负债感。负债感是一种日常生活中常见的消极情绪体验。负债感，指的是在受到别人的恩惠时所感受到的一种报答对方的义务感和压力感，是令人不适的情绪体验（Watkins, et al., 2006）。当我们接受来自他人的付出时，内心可能会激起负债感或者感恩两种截然不同的情绪体验。但是，因为两者之间非常相似，比如，它们都有相似的行动倾向——回报他人，并且同样都是在"受到他人的恩惠"的条件下被激发的，所以常常容易混淆。然而，只要用心去感受，它们实际上是非常不同的。感恩是一种积极情绪体验，带给人的内心感受是温暖的，让人感受到人性之美好和温度。负债感则是一种消极情绪，在人们心中激发的感受是难受的、有压力和亏欠的。因为负债感持续使人感觉难受，所以人们在有机会的时候，内心会有一种冲动要去"偿还"他人，以减少内心的不舒服感，从而推动了"回报他人"的行为。

研究发现，如果施惠者明确地传达出他期望得到回报，那么受惠者的感恩之心会降低，而负债感会增强。人们希望自己的感恩之心是自发的，而不希望是一种别人要求下的产物（Watkins, et al., 2006）。此外，有研究发现，感恩和负债感所导致的回馈他人的行为是不同的。感恩与亲社会行为呈显著的正相关关系，与反社会行为、拒绝和回避行为的倾向呈显著的负相关关系。而负债感不同，它与亲社会行为和反社会行为都呈正相关关系，并且强度相当（Watkins, et al., 2006）。这意味着当受惠者感受到负债感时，很难判断他所做出的回馈行为的动机是否出于友善和爱。

心理学研究表明，感恩与负债感重要的区别在于关注自我还是关注他人。负债感的本质是以"自我为中心",而非以"他人为中心"。Mathews 和 Green(2010)的两项研究表明,自我关注强的人会倾向于感受到负债感,而自我关注较弱的人会倾向于感受到感恩。研究者认为,自我关注导致感恩和负债感的心理机制不同。自我关注会将注意的焦点从给予者和恩惠上引开,而将注意的焦点转移到"施"与"受"两者的"平等性"上,因此,使得个人更倾向于使用"互惠准则"来解释双方的社会交往。(见表7–1)

表7–1 感恩与负债感在情绪类型、行动倾向、情感体验上的差异

|  | 感恩 | 负债感 |
| --- | --- | --- |
| 情绪类型 | 积极情绪 | 消极情绪 |
| 行动倾向 | (自发地)回馈对方 | (被迫地)回馈对方 |
| 情感体验 | 温暖、感动、感受到人性的温暖 | 难受、压力、亏欠感 |

## 二、感恩之心的积极影响

心理学的许多研究表明,感恩之心能够带给人情绪健康、身体健康、社会关系健康这三个方面的积极影响。

### (一)感恩之心增进情绪健康

感恩作为人类一种重要的积极情绪,能让人内心感到美好、温暖,对人性感受到希望和爱。显然,感激之情能使人心情愉悦,促进人的情绪健

康，提升幸福感。心理学的研究证明了这点。研究发现，感恩之心是许多预测因素当中最能预测主观幸福感的因素，并且可以显著地预测个体的长期生活满意度。特质性感恩与各种主观幸福感之间呈高相关关系，其相关系数在 0.41～0.68 之间（Watkins，2014）。重要的是，感恩不仅与情绪健康相关，还与心理疾病（如抑郁症）呈强负相关关系。例如，在 McCullough、Emmons 和 Tsang（2002）针对感恩与抑郁和焦虑的关系进行的研究中，提升参与者的特质性感恩，可以有效降低其焦虑和抑郁的水平。针对不同群体的调查研究发现，特质性感恩与抑郁和焦虑都呈显著的负相关关系（Watkins, et al., 2003）。

（二）感恩之心促进身体健康

感恩之心能够有效促进身体健康，帮助人获得更强的抗压能力，降低罹患疾病的风险，提高睡眠质量，它与长寿呈正相关关系。在一项大型的双胞胎研究中，Kendler 等人（2003）发现，感恩与降低物质依赖风险相关，而物质依赖显然对健康有重要影响。Otey-Scott（2008）发现，感恩的人身体健康状况差的天数明显少于感恩程度较低的人。一项干预研究中，Shipon（2007）发现，与常规治疗组相比，感恩治疗组患者的高血压明显降低。Wood 等人（2009）发现，特质性感恩有助于提高睡眠质量。这是由于感恩对睡眠前的认知产生了积极的影响。

许多研究发现，感恩之心能够增强人的活力。干预研究的结果表明，每天睡觉前"写下三件值得感恩之事"的参与者比对照组参加体育锻炼的频次更高，而且身体的问题也更少，感觉活力充沛（Emmons & McCullough, 2003）。Grenier、Emmons 和 Ivie（2007）发现，完成感恩日记练习的移植受者比对照组拥有更良好的精神状况，更健康，更有活力。

（三）感恩之心加强社会关系

人类本质上是社会人，所以良好健康的社会关系对个人的身体健康和情绪健康非常重要。在世界卫生组织对健康的定义中，健康包括社会功能的良好。感恩是一种关注他人的美德,它欣赏他人的付出,并自愿自发地回馈对方。"爱出者爱返,福往者福来。"当爱与善意在人与人之间流动,社会关系的大树便能得到充足的养分而结出丰硕的果实。心理学研究很好地证明了这点。例如,当人们表达对一个捐助者的感激之情时,捐助者更有可能帮助受益人(Clark, 1975)。美国的餐厅服务员在结账单上用手写一句简单的"谢谢",会使服务员得到的小费显著增加(Rind & Bordia, 1995)。有研究要人们评选最喜欢拥有哪种特质的人,结果得分最高的是拥有感恩特质的人。而被认为最讨厌的人是没有感恩之心,甚至是恩将仇报的人(Suls, Witenberg, & Gutkin, 1981;Watkins, Martin, & Faulkner, 2003)。针对日常用语的研究发现,形容词"感激的"(grateful)是最受欢迎的形容词之一,而"忘恩负义"则是最不受欢迎的词之一(Dumas, Johnson, & Lynch, 2002)。

(四)感恩的积极正循环

前面我们陈述了感恩能够有效地促进个人的整体幸福感。那么,整体幸福感能否反过来促进感恩呢?感恩与幸福感之间是什么关系呢?

在心理病理学领域存在名为负向循环的现象,即病患的心理症状导致了认知和情绪层面的变化,使得负面的行为和情绪持续发生,并创造一个负反馈,造成消极向下的螺旋式循环。例如,抑郁症患者的抑郁情绪会使得他更容易回忆起不开心的往事。对不开心的记忆的反复思虑(被称为"反刍"),不仅使抑郁的情绪持续,还会激活其他的负面记忆,并且强化这种不断读取负面记忆的模式。这样的模式使得抑郁症患者相信自己能够康复的信心受到打击,并且无力采取改变现状的行动,使抑郁症经久难愈。很多心理疾病都存在这样的负反馈,这是它们难以根除和彻底改善的重要原因。

人性的积极品质,类似负循环模式,存在正循环(正反馈)。积极心理学研究表明,当人处在积极的情绪状态之中时,对遭遇的事情会做出更加积极的评价和反应。比如,一个人收到了小礼物,心情变好了,对家中各种物品的评价会更加积极正面（Isen & Shalker，1982）。同样地，有研究发现，当一个人感觉良好时，他看待其他人的眼光会更加正面，对他人的评价更加积极，更容易看到他人美好的行为和善意（Isen, Niedenthal, & Cantor，1992）。所以，幸福感高的人更容易看到发生在自己身上的美好事物，更容易认识到施予者的善良，并触发感恩的回应。而感恩的情绪又反过来滋养他的内心，使得他感觉幸福，对自己的生活感到满意，从而采取感恩的行动回报他人。接着，感恩的行动会进一步激发他人的善意，促进良好的人际互动。由此，形成了积极向上的正循环（正反馈）。（见图7-1）

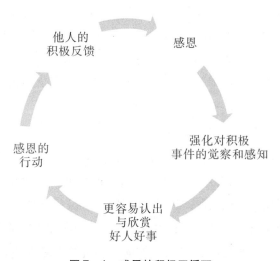

图7-1 感恩的积极正循环

## 三、激发感恩的条件

日常生活中，我们常常听到有人抱怨说："明明为他做了这么多事，某某人还不懂得感恩。"那么，感恩到底是如何产生的？它的激发条件是什么？心理运作机制是什么？接下来，我们讨论感恩的激发条件。

大部分情绪都可以通过ABC模型进行分析。A（activating events），指激发的事件。一个事件发生了，行为、语言，甚至是对方的语气，或者是自己的思想、回忆等，都可能成为激发的事件。B（belief），指个体的信念、看待事物的角度及内心的运作过程。C（consequence），是指结果，即个体产生的情绪或者行为倾向。感恩作为一种积极情绪，也可以通过ABC模型进行分析。感恩的激发是由于值得感恩的事件，并且结合个体看待事件的内心认知过程而产生的。感恩的激发条件包含四个方面：了解到获益、了解到获益的价值、了解到施惠者的善意及超越心理期待。

## （一）了解到获益

了解到获益的第一个关键方面，是你必须意识到一个好处确实发生在了自己身上。然而，人的心理活动特征遵循适应性法则（law of habituation）。《孔子家语·六本》中的"与善人居，如入芝兰之室，久而不闻其香，即与之化矣；与不善人居，如入鲍鱼之肆，久而不闻其臭，亦与之化矣"就反映了适应性法则。对待激发感恩的事件A，人类身上的适应性法则发挥了重要的作用。研究表明，如果一个好处持续发生，长此以往，人们会倾向于在情绪上适应它，从而不再注意到它，不再欣赏到它的好处（Frijda，2007）。我们通常不会感激呼吸到的新鲜空气和头顶的蓝天，因为我们每天都能轻易地获取到它们。直到有一天，我们生活的地区发生了重度雾霾，蓝天白云不再，人们才会开始怀念和向往以往的美好。当偶尔晴空万里、一片清明之时，人们纷纷拿出手机拍照发朋友圈，感慨"蓝天真好"。疫情暴发以前，也许很多人并没有意识到公共卫生安全对我们每一个人的生活有多么重要。直到发生了疫情，我们才感慨从前生活在不用戴口罩、不用担心病毒传染的良好的公共环境中，是多么幸福的事情。同样，父母、伴侣和孩子为我们提供的长期的帮助也很容易被忽视，比如一个稳定的家庭环境。"树欲静而风不止，子欲养而亲不待"成为古往今来多少过来人心酸的心声。然而，为什么一定要等到"亲不待"方才"子欲养"呢？我们能不能提前感知并欣赏现在就拥有的幸福和美好呢？针对这一点，积极心理学家开发了感恩干预方法——"三件好事"，鼓励每天写下三件值得感恩的事件。通过写作，促使人去回忆当天的收获，注意到它们。

了解到获益的第二个关键方面，是个人需要认识到好处来自除自身之外的外部来源。根据韦纳的情绪归因理论（Weiner, 1985），当将成功归因于外部因素时，人会产生感激之情，而当将成功归因于自身因素时，产生的情绪是骄傲。日常生活中，人们有时候会体验到感激和骄傲并存的混合情绪。这是因为一个人获得的成功，常常是自身努力的内部因素，以及他人帮助和时机合适的外部因素多方共同作用的结果。

### （二）了解到获益的价值

激发感恩的认知过程，还包括认识到获益的价值。个人对所获益的价值评价越高，就越能体会到感激之情。中国有句俗语："锦上添花不如雪中送炭。"需要注意的是，此处的价值不是指事物的客观价值，而是主观价值，即当事人赋予该获益事件的心理价值。感恩评价的这种主观价值方面在 Algoe、Haidt 和 Gable（2008）的研究中得到了证实。这项研究利用大学女生联谊会的游戏活动来进行。在为期 4 天的活动中，大姐姐（女学生联谊会的老成员）给小妹妹（女学生联谊会的新成员）送上匿名的礼物。活动的最后，会有一个仪式揭示给小妹妹礼物的大姐姐的身份（类似于"谁是你的天使"的活动游戏）。Algoe、Haidt 和 Gable（2008）发现，大姐姐的体贴是小妹妹感激的最佳预测变量，而且与礼物的经济成本相比，大姐姐的体贴更能预测小妹妹的感激，这证明了感知到的主观价值对感恩的重要性。此外，Wood、Maltby 和 Stewart 等人（2008）发现，具有高特质性感恩的人会对接收到的礼物和获益赋予更高的主观价值。这在一定程度上解释了为何感恩特质高的人更容易体验到感恩情绪。

### （三）了解到施惠者的善意

感恩激发的重要条件是施惠者是真心付出的，并且这份真心能被受惠者感知到。我们常说，施恩不图报，当受益人感到施予者的付出是出于纯粹善意时，感激之情便油然而生。相反，当施予者施恩图报，比如有意无意地暗示说："现在我帮助了你，你以后有机会要报答我。"又或者施惠者邀功自居，隐隐觉得因为自己付出过，心理地位比对方更高，这样，受益者可能会难以感恩，觉得很有压力、不舒服、难受，甚至拒绝接受施惠者的恩惠。在此情景下，激发的是人的负债感。受益者此时更倾向于将此种恩惠视为交易、交换，而采用社会交易（social exchange）的心理框架去解释此情此景。换言之，如果施惠者被认为是出于自私的动机，而非真心付出的纯然善心，那么感恩难以被激发。Watkins 等人（2006）发现，当施惠者的付出与回报期望相联系时，受益者的感激之情会减少。总而言之，当一个人觉得一件礼物并不是真正的礼物，而是有附加条件时，就不太可能对这种好处心存感激。接受者越认为施予者有良好的意愿，就越有可能感受到感激。

受惠者越觉得施惠者付出了很多的努力，甚至做出了一定的牺牲，就越有可能心存感激。研究也发现，施予者的付出（时间、精力和用心等）越多，接受者感受到的感激就越多，而且这种效果似乎与礼物的主观价值、客观价值均无关（Algoe, Haidt, & Gable, 2008）。2008 年，我国遭遇汶川大地震。一位靠着踩三轮车谋生的 60 多岁的老伯在红十字会的捐款箱前掏出一张一张 5 元、10 元的纸币，捐出了 200 多元人民币，这带给很多人内心的震撼和感动比一位捐了 100 多万的明星来得更多。

（四）超越心理期待

最后一个激发感恩的条件是超越心理期待。获得超出对他人社会期望的益处时，就会产生感激之情。例如，当妻子在平常的日子出乎意料地收到丈夫送的花时，她会觉得惊喜和感激。相比之下，在她生日当天，尤其是当她满怀期待地收礼物时收到花，感恩之情就不会那么强烈。当我们在外地出差，突然得了流感时，同事冒着被传染的风险给我们捎来热饭、热汤和热姜茶，我们内心的感激之情会油然而生。倘若这个人换成是自己的母亲呢？也许感恩之情会有所减少。许多人会期望母亲照顾自己，甚至觉得这是她的"工作"，但并不期望同事也会这样做。因此，心理期待是导致感恩的重要认知因素。当获得了超越期待的益处时，感恩便容易被激发。相对地，若获得的好处比期待的低，不仅不会激发感恩之心，反而会招致失望，乃至抱怨的情绪。这也许可以解释为何常有人抱怨许多孩子有"公主病""王子病"。如若孩子在成长过程中形成这样的认知："自己是他人的中心，他人为我服务和付出是应该的"，那么当孩子对他人的心理期待很高，而得到的好处又没有满足高期待时，感恩之心便很难升起，甚至表现出抱怨，让人觉得很难"伺候"。

由此可见，将自己的心理期待调整到合适的位置，有助于激发感恩之心。那么，如何调整呢？第一步是觉察自己的心理期待。例如，在一段长期的恋爱关系中，对伴侣的期望往往会随着时间的推移而变得无意识。如果一个人能通过写作、自我反思和询问他人等，更清楚地意识到自己对伴侣的期望过高，对自己的心理期待有清楚的认识，就能有意识地调整对伴侣的不合理期望，那么，在关系中就会增强感恩之心。

总而言之，激发感恩之心有四个要素。首先，一个人必须认识到恩惠确实发生在自己身上；其次，对这份恩惠的价值评价越高，感激之情会越深；再次，意识到施予者背后的善意及为此所做的付出；最后，受到的恩惠超越了当事人的心理期待。

## 四、培养感恩之心

既然感恩之心是如此重要的积极情绪与美德品质，那么有何科学的方法可以培养感恩之心呢？基于现有的心理学研究，我们从感恩之心的教养方式及心理干预方法加以阐述。

### （一）感恩之心的教养方式

首先，感恩之心是可以被培养出来的。有研究表明，在所有有助于幸福的美德中，感恩可能是最容易培养的积极品质力量（Bono, Froh, &

Emmons，2012）。有证据表明，不同于消极情绪，积极情绪似乎更多的是受环境因素的影响而非遗传的结果（Bono, Froh, & Emmons, 2012）。这说明在培养孩子的积极情绪和积极品质方面，父母、家庭可以对孩子造成很大的积极影响。而且，由于感恩的激发条件与对事件的认知和理解息息相关，所以感恩的认知方式可以被主动培养和训练出来。换而言之，感恩的美德是可以被培养、学习和教导的。在孩子的成长过程中，父母和主要照料者在感恩品质的发展中扮演着重要的角色。有三种教养方式在感恩品质的发展过程中尤为重要。第一，以身作则。心理学研究证明，在个人情感和品德品格的发展过程中，最重要的因素可能是对父母情感反应的模仿（Denham & Kochanoff, 2002）。例如，人们常说，教育要"言传身教"，圣人行"不言之教"。当父母习惯性地对他们生活中所受的恩惠表示感谢时，会形成一种感恩的家庭氛围。孩子会在模仿父母对恩惠的反应态度中，自然习得感恩的认知方式和态度反应。相反，当父母对恩惠没有表现出感激之情时，便展现和强化了一种"不感恩"的态度模式，从而抑制孩子感恩品质的发展。

其次，父母奖励和惩罚孩子后令孩子产生的情绪反应，对孩子的情绪发展起重要作用（Denham & Kochanoff, 2002）。父母对孩子的感激情绪和回报行为做出热情、积极的回应，就是对孩子感恩品质的强化。相反，如果父母对孩子表现的感激给予负面的反馈（批评或者忽视），那么孩子的感恩品质就会被削弱，例如，母亲对孩子说："你不应该感激你的父亲，在你生病的时候他都没有在你身边。"许多心理学研究（例如，Gable, Gonzaga, & Strachman, 2006; Gable, et al., 2012）已经证明，奖励或惩罚效应对感恩品德的发展是相当重要的，尤其是在孩子情绪和品格发展的早期。

最后，对感恩发展重要的育儿实践是亲子情感辅导（Denham, Mason, & Couchoud, 1995）。这种教育方法是指父母积极地教导和训练孩子的情感反应。为了做到这一点，父母必须帮助孩子注意他们的情绪，并为他们提供有效的情绪调节技能。研究人员还提出，如果父母能够很好地处理自身的

## 第7章 感恩之心

情绪，意识到自己的情绪，那么也能有效地帮助孩子觉察和解释他们的情绪（Denham & Kochanoff, 2002）。在传统的情绪调节的辅导中，我们往往专注于消极情绪的调整和处理，而忽视了积极情绪（比如感恩），是可以被很好地培养的。针对儿童（8～11岁）的感恩干预研究表明，感恩之心可以通过正确的训练得以提升，并且对长期幸福感有助益。干预的方案针对的是感恩激发的条件，比如认识到捐助人的善意，认识到捐助人在提供利益时所付出的代价及利益的价值。

### （二）感恩之心的心理干预方法

积极心理学家对感恩进行了20多年的研究，综合众多实证研究的发现和结果，开发出了一些心理干预方法，并且经过实验室实验和长期干预追踪实验，验证其有效性。下面为读者介绍三个经过实证检验的心理干预方法，分别是感恩三件事（three good things，即感恩日记）、感恩信与感恩拜访、感恩的认知重评。

#### 1. 感恩三件事

感恩三件事干预方法是由Seligman等人（2005）开发的。在这个练习中，参与者被要求在睡前列出"今天值得感谢的三件事"（即感恩清单）。追踪研究证明，仅仅练习一周之后，参与者的幸福感持续提升，而抑郁感则明显降低，并且长期的效果显著，能够持续到6个月以后。有解释认为，感恩干预影响幸福感的机制是通过改善睡眠。如前文所述，感恩干预确实提高了睡眠质量，而且似乎是通过改善睡前认知来达到效果的。

不仅科学研究验证了感恩三件事的积极作用，笔者在多年的积极心理学实践课程中，在数以百计的学生和参与者的亲身实践中，也观察到了这个心理干预的效用。笔者常常收到参与者对此干预方法的经验分享和积极反馈，他们的实际经验告诉笔者，这种干预对他们的心理情绪、身体健康和家庭关系都带来了意想不到的效果。

#### 2. 感恩信与感恩拜访

感恩拜访（gratitude visit）是有效的积极心理干预措施之一（Seligman, et al., 2005)。在这个实验中，参与者被要求"写一封感谢信给那些对他们特别友善，但从未得到过适当感谢的人"。在 Seligman 等人（2005）的研究中，感恩拜访使得参与者的幸福感大幅提高、抑郁症状显著减少。值得注意的是，在 6 个月后，这个感恩拜访造成的幸福感的提升，又回到了干预前的基线水平。这表明，人们不应该指望一次"感恩之旅"会带来幸福感的永久增长。表达自己的感激之情的行动不应该是"一次性"的事情，而应该成为生活方式的一部分，成为一种日常的习惯。

Froh 等人（2009）使用的引导语可能对那些有兴趣使用这种干预的人有帮助（此引导语是专门为青少年设计的，所以可能需要根据干预对象的年龄进行调整）。

> 大多数人都喜欢别人对自己出色的工作或对朋友的帮助表示感谢，我们大多数人都记得对别人说"谢谢"。但有时我们的"谢谢"说得如此随意或迅速，几乎没有任何意义。在这个练习中，你将有机会以非常详细的方式表达你的感激之情。想想那些人——父母、朋友、教练、队友等——他们对你特别好，但你从未好好感谢过他们。选择一个你可以单独见面的人，在下周进行一次面对面的交谈。你的任务是写一封感谢信给这个人，并亲自送去。这封信应该具体说明他或她做了什么影响了你的生活的事。你亲自去见他或她是很重要的。但是，不要告诉这个人这次见面的目的。当你要感谢的人感到惊讶时，这个练习会更有趣。

在笔者的积极心理学课堂上，笔者也会要求课程的参与者写一封感恩信。在笔者的经验中，感恩信的写作能够激发参与者的感恩认知，在写作过程中的反思促进了他们对情景的重新认知，并触发感恩体验。参与者写完信，在与大众朗读分享的过程中，总能打动在场的很多人，内心洋溢着幸福和感动。很多人在课后告诉笔者，这是他们印象最深刻的一次课程体验。笔者采用的引导语如下。

> 请你静下来，回忆一下自己的人生经历。这么多年来，在你的生活、工作和成长的历程里，一定有人给予你很大的帮助。那个人可能是你的父母，默默给予你无条件的支持和爱。可能是你的孩子，他虽然没有做什么，但是他的存在给予了你强大的动力和生活的希望。可能是你的伴侣，她/他不发一言，十年如一日地默默守护。她/他给予的家庭温暖兴许难以觉察，却润物无声。可能是一位贵人，在你最需要帮助的黑暗日子里，强而有力地扶了你一把，让你渡过难关。在你生命中总有一些人，如果没有他们，你不会成为今天的你。这些人，也许你对他们表示过感谢，也许还没有来得及行动，也许你觉得感谢的力度还不够大。现在，你有一个机会，把你心中的真实想法，即想要对他说的话写下来。你可以选择把这封信读给他听，也可以自己珍藏。

### 3. 感恩的认知重评

感恩的人似乎特别善于重新评估和理解负面事件。这在学术上称为认知重评。认知重评，是指改变对情绪事件的理解和对情绪事件的个人意义的认识。有证据表明，感恩的认知重评，有助于个人结束痛苦的记忆，减少这些记忆对身心的负面影响和干扰（Watkins, et al., 2008）。感恩的积极效用之一，是将不愉快的记忆融入他们美好的生活中，整合成一个被接纳的完整的生命故事。对日记的语言分析为这一理论提供了支持（Uhder, 2010; Uhder, et al., 2010）。因此，感恩不仅可以强化一个人在好事中的经历，也可以用来强化坏事中的好事。以下是感恩的认知重评干预方法的引导语。

> 在接下来的20分钟里，我们希望你写下你的开放记忆。再想想这段经历。乍一看，你写下的事情可能对你的生活没有任何积极的影

响。然而，有时即使坏事发生了，它们最终也会产生积极的结果，成为我们现在应该感激的事情。试着把注意力集中在困难经历的积极方面或结果上。作为这次事件的结果，你现在对什么事情感激？这件事对你个人有什么好处？你是如何成长的？你的经历是否培养了你的个人能力？这次活动是如何让你更好地迎接未来的挑战的？这件事是如何让你的生活变得有意义的？这件事如何帮助你欣赏生命中真正重要的人和事？总而言之，你为何会对这次事件所带来的有益结果心存感激？当你写作的时候，不要担心标点符号或语法，只管真正放手去写，尽可能多地写出你现在觉得值得感激的积极方面的经验。

上述的感恩心理干预是经过实证检验的常用方法，读者可以自行尝试。在笔者的课堂中，许多人在写感恩三件事的时候，并没有什么特别的感受。但是，当他们坚持了一段时间之后，其中的大部分人都能够感受到其价值。但是，如果你尝试了一段时间，觉得这个方法并不适合你，那么就放下它，没有关系。每个人都是独特的，方法总是因人而异的。

值得注意的是，感恩的确有助于提升人们的幸福感，带来人生许多方面的助益，并且可以通过一些干预方法去提升感恩水平。然而，感恩不应该成为一种提升个体幸福感的手段，将它工具化、手段化。感恩的本质是一种关注他人的情感，是看到人性之美的那份感动，是一份流向他人的爱，我们不应将意识焦点转移到仅仅关注自身的幸福之上。最终而言，以"自我为中心"的感恩干预注定会适得其反。

## 五、总结

感恩之心是人类的天性，是每个健康的人内心深处都天然具备的美好情感，是对爱的美丽回应。感恩之心是当人看到发生在自身之上的美好事情，感受到他人给予自己的那份善意与付出时，自发地愿意去报之以爱的一缕善念。"爱出者爱返，福往者福来。"感恩之美，是人性之美、人心之美。

(曾光)

## 参 考 文 献

ALGOE S B, HAIDT J, GABLE S L, 2008. Beyond reciprocity: Gratitude and relationships in everyday life [J]. Emotion, 8 (3): 425-429.

BONO G, FROH J J, EMMONS R A, 2012, August. Searching for the developmental role of gratitude: A 4-year longitudinal analysis [R]. Froh J (Chair), Helping youth thrive: Making the case that gratitude matters. Symposium conducted at the meeting of the American Psychological Association, Orlando, Florida.

CLARK R D, 1975. The effects of reinforcement, punishment and dependency on helping behavior [J]. Personality and Social Psychology Bulletin, 1 (4): 596-599.

COFFMAN S, 1996. Parents' struggles to rebuild family life after Hurricane Andrew [J]. Issues in Mental Health Nursing, 17 (4): 353-367.

DENHAM S A, MASON T, COUCHOUD E A, 1995. Scaffolding young children's prosocial responsiveness: Preschoolers' responses to adult sadness, anger, and pain [J]. International Journal of Behavioral Development, 18 (3): 489-504.

DENHAM S, KOCHANOFF A T, 2002. Parental contributions to preschoolers' understanding of emotion [J]. Marriage and Family Review, 34 (3-4): 311-343.

DUMAS J R, JOHNSON M, LYNCH A M, 2002. Likableness, familiarity, and frequency of 844 person-descriptive words [J]. Personality and Individual Differences, 32 (3): 523-531.

EMMONS R A, MCCULLOUGH M E, 2003. Counting blessings versus burdens: An experimental investigation of gratitude and subjective well-being in daily life [J]. Journal of Personality and Social Psychology, 84 (2): 377-389.

EMMONS R A, MISHRA A, 2011. Why gratitude enhances well-being: What we know, what we need to know [M] //SHELDON K M, KASHDAN T B, STEGER M F. Designing Positive Psychology: Taking Stock and Moving Forward, New York: Oxford University Press: 248-262.

FREDRICKSON B L, 2001. The role of positive emotions in positive psychology: The broaden-and-build theory of positive emotions [J]. American Psychologist, 56 (3): 218-226.

FRIJDA N, 2007. The Laws of Emotion [M]. Mahwah, NJ: Lawrence Erlbaum.

FROH J J, KASHDAN T B, OZIMKOWSKI K M, et al, 2009. Who benefits the most from a gratitude intervention in children and adolescents? Examining positive affect as a moderator [J]. The Journal of Positive Psychology, 4 (5): 408-422.

FROH J J, YURKEWICZ C, KASHDAN T B, 2009. Gratitude and subjective well-being in early adolescence: Examining gender differences [J]. Journal of Adolescence, 32 (3): 633-650.

GABLE S L, GONZAGA G C, STRACHMAN A, 2006. Will you be there for me when things go right? Supportive responses to positive event disclosures [J]. Journal of Personality and Social Psychology, 91 (5): 904-917.

GABLE S L, GOSNELL C L, MAISEL N C, et al, 2012. Safely testing the alarm: Close others' responses to personal positive events [J]. Journal of Personality and Social Psychology, 103 (6): 963-981.

GRENIER S G, EMMONS R A, IVIE S, 2007, August. Gratitude and quality of life in transplant recipients [R]. Presentation to the annual convention of the American Psychological Association, San Francisco.

HEIDER F, 1958. The Psychology of Interpersonal Relations [M]. New York: Wiley.

ISEN A M, SHALKER T E, 1982. The effect of feeling state on evaluation of positive, neutral, and negative stimuli: When you "accentuate the positive", do you "eliminate the negative"? [J]. Social Psychology Quarterly, 45 (1): 58-63.

ISEN A M, NIEDENTHAL P M, CANTOR N, 1992. An influence of positive affect on social categorization [J]. Motivation and Emotion, 16 (1): 65-78.

KENDLER K S, LIU X Q, GARDENER C O, et al, 2003. Dimensions of religiosity and their relationship to lifetime psychiatric and substance use disorders [J]. The American Journal of Psychiatry, 160 (3): 496-503.

MATHEWS M A, GREEN J D, 2010. Looking at me, appreciating you: Self-focused attention distinguishes between gratitude and indebtedness [J]. Cognition and Emotion, 24 (4): 710-718.

MCCULLOUGH M E, EMMONS R A, TSANG J, 2002. The grateful disposition: A conceptual and empirical topography [J]. Journal of Personality and Social Psychology, 82 (1): 112-127.

MCCULLOUGH M E, TSANG J A, EMMONS R A, 2004. Gratitude in intermediate affective terrain: Links of grateful moods to individual differences and daily emotional experience [J]. Journal of Personality and Social Psychology, 86 (2): 295-309.

OTEY-SCOTT S, 2008. A lesson in gratitude: Exploring the salutogenic relationship between gratitude and health [J]. Dissertation Abstracts International: Section B: The Sciences and Engineering, 68 (8-B): 5586.

PARK N, PETERSON C, SELIGMAN M E, 2004. Strengths of character and well-being [J]. Journal of social and Clinical Psychology, 23 (5): 603-619.

PETERSON C, SELIGMAN M E P, 2004. Character Strengths and Virtues: A Handbook and Classification [M]. New York: American Psychological Association/Oxford University Press.

RIND B, BORDIA P, 1995. Effect of server's "thank you" and personalization on restaurant tipping [J]. Journal of Applied Social Psychology, 25 (9): 745-751.

ROSENBERG E L, 1998. Levels of analysis and the organization of affect [J]. Review of General Psychology, 2 (3): 247-270.

SELIGMAN M E P, STEEN T A, PARK N, et al, 2005. Positive psychology progress: Empirical validation of interventions [J]. American Psychologist, 60 (5): 410-421.

SHIPON R F, 2007. Gratitude: Effect on perspectives and blood pressure of inner-city African American hypertensive patients [J]. Dissertation Abstracts International: Section B: The Sciencesand Engineering, 68 (3-B): 1977.

SULS J, WITENBERG S, GUTKIN D, 1981. Evaluating reciprocal and nonreciprocal prosocial behavior: Developmental trends [J]. Personality and Social Psychology Bulletin, 7: 225-231.

TESSER A, GATEWOOD R, DRIVER M, 1968. Some determinants of gratitude [J]. Journal of Personality and Social Psychology, 9 (3): 233-236.

UHDER J, 2010. Language use in grateful processing of painful memories [D]. Unpublished master's thesis completed at Eastern Washington University, Cheney, WA.

UHDER J, KONONCHUK Y, SPARROW A, et al, 2010, May. Language use in grateful processing of painful memories [R]. Poster presented at the annual convention of the Association for Psychological Science, Boston, MA.

WATKINS P C, 2007. Gratitude [M] //BAUMEISTER R F, VOHS K D. Encyclopedia of Social Psychology. Thousand Oaks, California: SAGE Publications.

WATKINS P C, 2014. Gratitude and the Good Life: Towards a Psychology of Appreciation [M]. Dordrecht: Springer: 55-67.

WATKINS P C, CRUZ L, HOLBEN H, et al, 2008. Taking care of business? Grateful processing of unpleasant memories [J]. The Journal of Positive Psychology, 3 (2): 87-99.

WATKINS P C, MARTIN B D, FAULKNER G, 2003, May. Are grateful people happy people? Informant judgments of grateful acquaintances [R]. Presentation to the 83rd annual convention of the Western Psychological Association, Vancouver, British Columbia, Canada.

WATKINS P C, SCHEER J, OVNICEK M, et al, 2006. The debt of gratitude: Dissociating gratitude and indebtedness [J]. Cognition and Emotion, 20 (2): 217-241.

WATKINS P C, WOODWARD K, STONE T, et al, 2003. Gratitude and happiness: The development of a measure of gratitude and its relationship with subjective well-being [J]. Social Behavior and Personality, 31 (5): 431-452.

WEINER B, 1985. An attributional theory of achievement motivation and emotion [J]. Psychological Review, 92 (4): 548.

WOOD A M, JOSEPH S, LLOYD J, et al, 2009. Gratitude influences sleep through the mechanism of pre-sleep cognitions [J]. Journal of Psychosomatic Research, 66 (1): 43-48.

WOOD A M, JOSEPH S, MALTBY J, et al, 2008. Gratitude uniquely predicts satisfaction with life: Incremental validity above the domains and facets of the five factor model [J]. Personality and Individual Differences, 45 (1): 49-54.

WOOD A M, MALTBY J, STEWART N, et al, 2008. A social-cognitive model of trait and state levels of gratitude [J]. Emotion, 8 (2): 281-290.

## 第 8 章　自我悲悯

处在困境时，你会如何对待自己？

李瑞是一名2020届的毕业生，因为新冠肺炎疫情，学校延期开学，他没法回实验室做毕业设计，只能在家待着。他每天在家十分焦虑，担心实验来不及做，论文来不及写，无法申请答辩，无法按时毕业，已签约的工作可能会泡汤，明年可能找不到比现在这份更好的工作，感到未来的人生一片灰暗……虽然最近在家休息，但他每日忧思苦虑，茶饭不思，注意力不集中，还经常做噩梦，整个人很憔悴……

张华在过年前失业了。因为经济形势严峻，张华所在的公司大规模裁员，她也被裁了。失业后，张华宅在家里，不修边幅，暴饮暴食。每次刷朋友圈看到其他人能开开心心地上班的时候，她就忍不住想自己为什么那么倒霉，为什么只有自己会失业，而朋友们都过得那么好，越想越难过，感觉自己被这个世界抛弃了……

生活中我们每个人难免会遭遇不顺。每当遇到困难时，我们很容易产生负面的情绪和想法。有的人会沉浸在负面情绪中难以自拔；有的人会进行自我批判，认为是自己做得不够好，才会导致这样的结果；有的人甚至会认为，别人都过得比自己好，自己是这世上独一无二的倒霉鬼。但其实越是在困境中，我们越要发自内心地对自己好一点——也就是自我悲悯。

# 一、自我悲悯的概念

## （一）自我悲悯的含义

自我悲悯（self-compassion），是指一个人在逆境的时候用关怀和支持的态度对待自己（Neff，2003a）。它包含三个核心成分：自我友善（self-kindness）、普遍人性（humanity）和正念（mindfulness）。自我友善，是指一个人在应对逆境的时候能够友善地对待自己。普遍人性，是指认为苦难是人类的必经之路。正念，是指专注当下，觉察自己的感受、想法和行为。

虽然自我悲悯意味着对自己好一点，但并不等于自我放纵（self-indulgence）。考试不及格，心情不好，放纵自己的人可能会对自己说，"不管了，我已经够惨了，不能亏待自己"，然后开始暴饮暴食，熬夜追剧，但心情依旧没有好转；而自我悲悯的人会对自己说，"心疼地抱抱自己，挂科确实让人很不开心"，感受到了对自己的安抚，心里舒服多了。自我放纵是表面上对自己好，但实际上是在逃避现实，损害健康；而自我悲悯是让人发自内心地对自己好，抱着开放、宽容和友善的心态面对生活，即使生活有时并不如人意。

同样作为与自我相联系的概念，自我悲悯却与自尊（self-esteem）有很大的区别。自尊是人们作为个体对自身的评价，这种评价是关于"我是不是一个有价值的人"。自尊是建立在人们认为有重要价值的领域上。为了提高自我价值感，有的人会过于追求个人成就或贬低他人，这样短时间会让他们感觉好一点，但长期会发展成自恋的倾向。相反，自我悲悯不是建立在评价体系之上的，它与自我评价、社会比较或个人成就无关，它尊重每个人的存在，认为所有人既有优点也有缺点，一个人的自我价值与成功或失败无关。

Neff 在 2003 年编制了自我悲悯量表（Self-Compassion Scale，SCS）

(Neff，2003b），简称自悯量表。该量表共26个条目，分为6个子量表：①自我友善；②自我批判；③普遍人性；④自我孤立；⑤正念；⑥过度沉溺。自悯量表是最常用的测量自我悲悯的量表。后来Raes等人编制了短版自悯量表（Short Form of SCS），包括12个条目，也具有良好的信效度（Raes，et al.，2011）。多个研究表明，由原量表汉化的自我悲悯量表在中国大学生、在职人员等人群中也具有良好的信效度（李燕娟、王雨吟，2018；Li，et al.，2020）。

此外，针对儿童的自我悲悯测量，研究者编制了适应儿童理解水平的儿童自悯反应量表（Self-Compassionate Reactions Scale for Children，SCRS-C）（Zhou，et al.，2019）。儿童自悯反应量表通过呈现情景和反应选项，测量儿童在面对困难时的自我悲悯水平。儿童受试者需要针对每个情景（如"当我被同学排斥或忽视时"）下面的每个选项进行1~6分的评分（例如，针对"我试着安慰自己"这一问题，选项1为"不可能这么做"，选项6为"非常可能会这么做"）。儿童自悯反应量表一共包括4个情景，每个情境下有6~7个选项，一共26个选项。研究表明，儿童自悯反应量表具有良好的信效度（Zhou，et al.，2019）。

目前，以上量表的理论基础认为，自我悲悯包含积极成分和消极成分。积极成分是自我友善、普遍人性和正念，消极成分是自我批判、自我孤立和过度沉溺。但最近研究者对这两种成分是否同时属于自我悲悯，存在争议。有研究者认为，消极成分不应该属于自我悲悯，它们造成的行为并不能带来关怀和悲悯，应该被定义为"自我批判"（self-criticism）或"自我冷漠"（self-coldness）（Brenner，et al.，2017；Muris，et al.，2018）。也有研究者发现，积极成分和消极成分之间并不相关（Chan，et al.，2019）。Gilbert和Irons（2005）认为，个体在适应变化时，存在两种不同的系统：一种是自我悲悯式的，能够引起关怀和温暖；另一种是自我批判式的，能够引起焦虑和应激。研究者认为，自悯的消极成分对应的运作系统是后者，应该与自我悲悯独立（Brenner，et al.，2017；Booth，et al.，2019）。Neff、Tóth-Király和Colisomo（2018）通过探索性结构方程模型的检验，发现自悯的六维度结构对自悯的测量是最稳定和一致的。作者收集了 20 个不同人群的样本（$n = 11\,685$），用 SCS 测量其自我悲悯水平，每一个样本的分析结果都一致支持六维度结构或者总分结构，但对于把积极成分作为单一维度和把消极成分作为单一维度的结果，并不理想（Neff, et al., 2018）。关于自我悲悯的组成是只有积极成分，还是同时包含积极和消极两种成分，目前暂未有定论，还需要未来更多的研究继续关注，它不仅关乎自我悲悯的组成结构，还关乎对已有的自悯相关研究结果的理解。

### （二）自我悲悯的核心成分

自我悲悯包括三个核心成分，分别是自我友善、普遍人性和正念。相应地，它们的反面是自我批判、自我孤立和过度沉溺。下面，我们将对这三个核心成分进行详细的介绍，并分别列出一个相应的练习。请注意，每一个成分的练习并非只有给出的这一种，并且多次练习也不是只能提升相应的成分。

#### 1. 自我友善

自我友善，是指友善地对待并理解自己，意味着要停止对自我的不断批评。对于大多数人来说，对他人友善是很容易做到的事情。当朋友感到痛苦的时候，我们会自然而然地同情他们，并且希望能够减轻他们的痛苦。就像能够安抚在忍受痛苦中的朋友一样，我们也可以在遇到困难或者体验到消极情绪的时候，安抚自己以渡过难关。

然而，在感到痛苦的时候，大多数人并不习惯对自己友善。当我们觉得自己犯错时，会苛责自己。但相反，如果有一个朋友处在相同的困境下，我们很可能会采取更友善的态度，即使我们不否认他（她）犯了错误。当我们跌倒时，不要无情地摧残自己。每个人都有搞砸的时候，我们需要的是善待自己。下面试着做一下自我友善练习。

> **自我友善练习**
>
> **拥抱练习**
>
> 当你感觉很糟糕,想要平复自己的心情和安慰自己的时候,最简单的方式就是给自己一个温柔的拥抱。我们的皮肤极为敏感,研究表明,身体接触会释放催产素,提高安全感,平复消极情绪,降低心血管压力。
>
> 如果你察觉到自己的消极情绪时,请试着给自己一个温暖的拥抱,柔和地轻抚自己的双臂和脸颊,或者轻轻摆动身体。如果无法做出实际的身体姿势,甚至可以想象拥抱了自己。重要的是给自己传递爱。
>
> 注意觉察拥抱之后你的身体感受,你是否觉得更温暖、更柔和镇定?在感觉糟糕的时候请给自己拥抱,每天几次,至少坚持一周。这样,就能够形成在你有需要的时候,从身体上安慰自己的习惯。

### 2. 普遍人性

普遍人性是认识到共有的人类体验,把个人的经历看作人类经历的一部分,而不是只有自己在经历。每个人在困难时刻所体验到的痛苦,正如其他人在困难时刻所体验到的痛苦,虽然原因、环境不同,但过程是相同的,人不可能总是获得自己想要的东西。

但是,如果在失败的时候,只看到自己的糟糕处境,而没有想到世界上的其他人的状况,我们的眼界会变得狭隘,终日自怨自艾,陷入脆弱感和不安全感中。即使失败不是由自身失误所引起的,例如,下岗可能是因为经济萧条,我们仍会不理智地认为,全世界的人都在为事业奋斗,只有自己如此无用。感到自己与周围世界的隔离,会让我们沉浸在消极情绪中。相反,如果我们采用理性的思考,就会把人生的不如意与全人类的体验联系起来,会想到其实生命的每时每刻都发生着数不胜数的失误,这是无法控制的随机事件,每个人都在所难免地会吃一些苦头。

如果我们能在跌倒的时候,温柔地提醒自己,失败是人类共有体验的一部分，那么我们会想到很多人都同样在遭受着痛苦，失败对我们的打击就会减弱。尽管依旧很痛，但不会因为疏离感而加重。下面试着做一下普遍人性练习。

> **普遍人性练习**
> 认识关联感释放自我界定
>
> 想一想你经常评判的且对你的自我界定非常重要的特质。例如，你可能认为自己是个害羞、懒散或易怒的人。想到之后，问自己以下几个问题。
>
> 1. 你显现出这种特质的频率是多少，大多数时候、有时还是偶尔？在你不显示这种特质的时候，你是怎样的人，你还是你吗？
>
> 2. 是否有特定的环境引发特质，而其他的环境没有引发？如果只有在特定的情况下这种特质才会表现出来，那么这个特质是否还能界定你自己？
>
> 3. 哪些原因和条件导致你拥有这种特质（如早期家庭环境、遗传基因或生活压力等）？如果是这些外力在很大程度上决定了你拥有这种特质，那么把它理解为你内在的反应还准确吗？
>
> 4. 是你自己选择拥有这个特质或表现出这个特质的吗？如果不是，为什么要因为这个特质而批评自己呢？
>
> 5. 如果重新进行描述，不再用这个特质来界定自己，会发生什么呢？比如，不再说"我是一个易怒的人"，而改为"有时，在某些情况下，我会变得愤怒"，会发生什么？如果不再强烈地认同这个特质，事情是否会有所改变？你是否体会到心灵有了更大的空间、更多的自由与安宁？
>
> 在意识到不完美的普遍人性后，自我悲悯赋予我们关联感，无须向外部寻求接纳或归属感，我们可以直接从内部满足这些需要。

### 3. 正念

自我悲悯的第三个核心元素是正念。正念，即对此刻发生的事情保持清醒和非评判性的接纳；换言之，直面现实，我们需要如实地对待事物本身，才能对当前的境遇抱有最大的和最有效的悲悯。

关怀自己，首先必须认识到我们正在经受痛苦。觉知是治愈的前提。我们肯定都体验过失败的痛苦，但我们通常关注的是失败本身，而不是失败所引起的痛苦。如果只看到对自己的不满意，我们的注意力就会被失败所占据。

觉察此时此刻为什么这么重要呢？因为正念让我们看到关于过去和未来的想法只是想法而已，过去只存在于记忆中，而未来也只存在于想象中。与其迷失在无法改变的想法中，不如专注于此时此刻的所思所感和体验。正念其实是给予我们对环境做出反应的选择空间。如果我们注意到自己的愤怒，就可以选择深呼吸来平复心情，或是朝某人大吼。如果我们注意到背靠椅子让后背不舒服，就可以选择调整姿势来让自己舒服一点，或是离开椅子。当我们觉察到了，就会有机会对当前的环境做出更明智的选择。下面试着做一下正念练习。

---

**正念练习**

**注意练习**

给自己留 10～20 分钟的练习时间，找一个舒适的位置，坐下。以舒适的姿势坐着，闭上眼睛，注意闪现出来的想法、感受到的情感、闻到的气味、听到的声音或其他躯体感觉。例如，你觉察到自己在一吸一呼地呼吸，你听到孩子在楼下玩耍的声音，你感觉到左脚大脚趾和第二趾之间的皮肤在发痒，你在想周末约会要去哪里，你感到不安全感，你觉得自己有点兴奋，你听到飞机从头顶飞过的声音等。在这段时间内，只要你觉察到了新的体验，就在心里轻轻地做一个记录，不停留在某一个体验中，让自己的注意继续徜徉于新的体验中。

> 有时候，你可能会发现自己迷失在思维中。例如，你用了5分钟一直在想约会的事情，完全忘记了注意练习。不用担心，只要你注意到你迷失在思维中，在心里记录"我注意到自己迷失在思维中"，然后继续把注意转向练习。
>
> 我们对注意进行训练，时时刻刻都对发生于自己身上的事情保持更好的觉察。这项技能能让我们更专注于当下，提供必需的心理视角来应付压力情境，让我们受益无穷。

## 二、自我悲悯的益处

从自我悲悯的定义看来，它强调个体在应对困难时，以一种关怀和温暖的态度对待自己。虽然自我悲悯能够改变消极的态度（Arimitsu & Hofmann, 2015），但是，它不仅仅是一种通过改变思维模式，减少痛苦的方法（Krieger, et al., 2013），它也是一种积极的心理资源，有益于身心健康与人际关系等方面（Neff & Knox, 2017）。

### （一）对心理健康的益处

自我悲悯是心理幸福感的重要来源，因为它关乎一个人是否能找到生命的目标和意义，而不只是单纯地追求快乐与逃避痛苦。自我悲悯不会让个体回避痛苦，相反，它会让个体以善意的态度与痛苦相处。与人本主义心理学家马斯洛和罗杰斯对一个心理健康的人所下的定义一样，自我悲悯也强调了无条件的自我接纳和自我实现的动力。总的来说，自我悲悯帮助人们在面对困难时获得希望和内在力量。

许多研究一致表明，自我悲悯与低水平的抑郁、焦虑和应激水平相联系。一项涵盖了20个研究的元分析发现，自我悲悯与预测心理健康的变量（抑郁、焦虑等）显著相关，且相关的效应量较大（MacBeth & Gumley，2012）。一项运用交叉滞后分析方法的研究发现，在抑郁人群中，自我悲悯能够负向预测抑郁症状的严重程度，而抑郁症状不能反向预测自我悲悯的水平（Krieger，Berger，& Holtforth，2016）。也就是说，自我悲悯水平较高的人，抑郁症状确实能够获得较为显著的下降；而不是因为抑郁缓解了，所以人的自我悲悯水平提高了。

除了缓解消极的心理健康状态，自我悲悯还能增强积极的心理健康状态。一项元分析研究收集了 79 个样本，分析自我悲悯与各个心理健康变量的相关，发现它们的相关存在中等程度的效应量（Zessin，Dickhauser，& Garbade，2015），比如，自我悲悯与生活满意度、生活幸福感、感恩和积极情绪等都呈正相关关系。

自我悲悯对心理健康的好处还体现在应对生活压力事件的方式上。在发生压力事件（如离婚、慢性疼痛、吵架等）时，高水平的自我悲悯的人能够以一种开放的心态面对，整合积极感觉并缓解消极感觉，减少消极事件对心理健康的损害（Neff & Seppala，2016）。自我悲悯，还可能是创伤后成长能够对心理健康起到积极作用的中间机制。例如，对于自闭症儿童的家长而言，育有自闭症的孩子可能会成为一个创伤事件，由它引发的后续——病耻感问题等也可能带来创伤，但同时他们也会发展出创伤后成长。研究发现，他们的创伤后成长能够通过促进自我悲悯来减低抑郁、焦虑和应激水平（Chan，et al.，2019）。

（二）对身体健康的益处

自我悲悯能够促进维护身体健康的行为。一项研究表明，自我悲悯与健康促进行为呈正相关关系，自我悲悯水平高的人更愿意主动求医并进行规律运动，有更少的烟酒摄入量（Allen & Leary，2014）。一项每日研究发现，无论是在个体内水平还是个体间水平，特质自我悲悯都能通过减少个体的应激感受来促进健康饮食行为（Li，et al.，2020）。另外，自我悲悯还能促进睡眠。一般而言，白天经历的应激水平与夜晚入睡花费的时间相关。但对于自我悲悯水平高的人而言，即使白天应激程度较大，依旧不会对入睡时间产生影响,也就是说,自我悲悯能够缓冲掉应激对入睡时长的消极影响(Hu, et al., 2018)。

除此之外,自我悲悯还能直接增强身体健康,尤其是应对压力时。研究表明,高自我悲悯的个体在面对社会应激事件时,相比于自我悲悯水平低的人,表现出更好的免疫功能、更好的交感神经和副交感神经的反应(Arch, et al., 2014)。对于糖尿病人而言,自我悲悯能够缓解生理反应对糖化血红蛋白的消极影响,有更好的新陈代谢控制(Friis, et al., 2015)。

### (三) 对人际关系的益处

自我悲悯不仅让个人受益,还能促进人际关系的和谐。例如,在亲密关系当中,自我悲悯水平高的个体会被伴侣描述为容易产生情感联结、接纳和支持的(Neff & Beretvas, 2013)。自我悲悯水平高的个体在与父母、朋友或伴侣发生冲突时,更容易选择让步和妥协,他们同时也对关系感到更加确定和满意(Yarnell & Neff, 2013)。一项在大学生中进行的研究发现,自我悲悯水平高的大学生倾向于在人际关系中鼓励信任和提供社会支持(Crocker & Canevello, 2008; Wayment, West, & Craddock, 2016)。自我悲悯还与人际关系中的道歉和主动修补关系的倾向呈正相关关系(Breines & Chen, 2012; Vazeou-Nieuwenhuis & Schumann, 2018)。这些也许是自我悲悯维持人际关系和谐的原因。

高自我悲悯还与人际关系中的原谅行为、观点采择、利他行为和共情有关(Neff & Pommier, 2013)。大多数人对他人悲悯都多于对自我悲悯,所以可想而知,自我悲悯与对他人悲悯(compassion for others)的关系并不是那么紧密。但是,自我悲悯对于照顾者(caregiver)来说,依旧是重要的心理资源,因为它赋予他们更多的为别人付出的能力。例如,一项以照料者为研究对象的研究发现,自我悲悯水平高的照料者报告更低水平的耗竭(burnout)、更高水平的心理健康,并且对自己的照料者角色感到更满意(Raab, 2014)。

## 三、自我悲悯的作用机制

### (一) 情绪系统理论

根据 Gilbert 提出的情绪调节理论,人的情绪分为三个基本系统:威胁防护系统(threat protection system)、奖赏系统(drive system)和安抚系统(soothing system)(Gilbert & Irons, 2005)。威胁防护系统,是通过让个体快速注意到危险信号,产生不舒服的情绪(如羞耻、自责和愤怒等),激起应激行为(如战斗、逃跑和屈服等),达到让个体远离危险的目的。奖赏系统,是通过让个体产生愉悦感(如野心、激情等),激励他们追求并获得生存所需资源(如食物、友谊等)。安抚系统,是通过产生安全和满足的感觉,让个体不用担心危险,不用追求奖赏,帮助个体获得恢复,产生被关怀、被接纳的感觉,带来持续的积极感受。

情绪系统是进化给予人类的馈赠,是人类生命得以在地球上延续千百万年的保证。但是,前两个系统的过度激活和扭曲会带来一些心理问题(Pani, 2000)。威胁防护系统的过度激活是很多心理病理症状的来源(Gilbert, 2009),例如,过度担心未来会发生的事情,会导致焦虑障碍、强迫症。奖赏系统的功能是为了获得愉悦感和避免拒绝,如果达不到目的,容易引起自我批判(Gilbert, 2009)。例如,过分期望自己能够做得更好,不接受自己目前的状态,会带来对自我的不接纳;长此以往,个体会无意识地降低奖赏系统的活动,减少积极情绪和动机体验,导致产生抑郁症(Gilbert, 2007)。

安抚系统能够在威胁防护系统和奖赏系统之中发挥调节器的作用(Gilbert, 2009)。当个体不再需要对威胁保持警觉,有充足的资源可以享用时,就会产生一种满足感(Depue & Morrone-Strupinsky, 2005),这种满足感就是安抚系统所带来的。安抚系统能给个体的内心带来安宁和平静。

自我悲悯能够激活安抚系统，进而降低威胁防护和奖赏系统的激活，减轻焦虑与痛苦，帮助个体发展出满足、幸福、温暖及被安抚的感觉。Gilbert（2009）经过多年的临床经验发现，通常那些威胁防护和奖赏系统过度激活的人都会有较高水平的羞耻（shame）和自我批判，他们很难从自身或者与他人的交往中产生安全和满足的感觉。自我悲悯能够帮助个体觉察并理解常被用来进行自我攻击的情绪和行为（正念），意识到这不是自己的错，而是许多不可控的因素造成的（普遍人性）。一旦个体不再自责与抱怨（自我友善），就会有更多的能量去承担责任，面对事实，做出不一样的选择（Gilbert，2007）。

自我悲悯的练习是为了创造温暖、友善、支持的感觉来激活安抚系统，练习形式多样，包括注意（attention）训练、构建自悯意象（imagery）、创造自悯行为、进行自悯冥想等。最重要的是，这些练习让个体在体验到安抚、满足、友善的感觉的同时，增强了自我关怀（care for well-being）的动力，提高了觉察并识别需要的敏感性（sensitivity），提高了共情（empathy）能力，提升了痛苦耐受力（distress tolerance），培养了非评判（non-judgement）思维，让安抚系统能够可持续运作（Gilbert，2009）。

## （二）神经生理依据

根据文化-行为-大脑环路模型（culture-behavior-brain loop model, CBB loop model），每一种心理特质都能找到相应的大脑工作模式，自我悲悯也不例外。最近有研究者发现，催产素受体基因（OXTR rs53576）的携带者有更高的自悯正念（self-compassionate mindfulness）水平，且两者的关系被前扣带回（ACC）、内侧前额叶（mPFC）和背外侧前额叶（dlPFC）等与共情或执行控制相关的脑区的网络活动所中介，表明催产素系统可能是自悯正念潜在的神经遗传学基础（Wang, et al.，2019）。

自我悲悯通常以自我安抚的形式表现出来，也有其特定的大脑工作模式。有一项研究探究自我安抚和自我批判的大脑工作模式差异，研究者让被试想象失败的情境（如"连续收到三封工作拒信"），然后让他们对失败的情境用自我安抚或自我批判的方式做出回应,同时,对他们的大脑进行扫描。fMRI的结果发现,当被试的反应是自我批判时,他们的外侧前额叶皮层、背侧扣带回这些与误差加工和问题解决有关的脑区活动更活跃;而当被试的反应是自我安抚时,左侧颞极和脑岛这些与积极情绪加工及关怀的脑区的活动更活跃(Longe, et al., 2010)。由此可推测,以自我悲悯的心态面对失败,不是把自己当成待解决的问题,而是把自己看作有价值的、值得关心的人。

## 四、自我悲悯的应用

### (一)自我悲悯干预项目

由于自我悲悯对整体身心健康的益处,现已有一些干预项目可以用于提高人们的自我悲悯水平。Germer和Neff(2013)创立了为期8周、每周1次的正念自我悲悯干预(mindful self-compassion,MSC)项目,结合理论和实践,系统地教授人们如何以自我悲悯的方式对待日常生活,具体的练习包括身体扫描、自我悲悯冥想等。针对该项目效果的随机对照实验表明,与对照组相比,参与干预的实验组的自我悲悯水平、正念水平、对他人的悲悯和生活满意度都得到了显著的提高,同时,他们的抑郁、焦虑、应激和情绪回避都显著下降,并且在6个月和1年的追踪中仍维持着疗效(Germer & Neff, 2013)。

其他的一些短期干预项目也呈现出有用的疗效。例如,女大学生参加了3周自我悲悯项目之后,她们的自我悲悯、生活满意度、乐观态度和自我效能感有所提升,而反刍和担忧有所下降(Smeets, et al., 2014)。此外,也有抑郁症易感人群在连续7天的自我悲悯练习之后,在干预结束的3个月和6个月后,仍然报告了更低的抑郁水平和更高水平的幸福感(Shapira & Mongrain, 2010)。

短期的自我悲悯书写干预项目,一般是通过书写诱导参与者产生自我悲悯的思维方式。在一项首次采用自我悲悯书写的研究中，研究者要求被试想一想不愉快的失败经历，然后要求干预组按照自我悲悯的 3 个核心要素对经历进行反思，结果发现与控制组相比，干预组在讨论失败经历的时候，报告更少的消极情绪和更多的镇定（Leary, et al., 2007）。该自我悲悯书写干预范式后来被很多的干预研究借鉴。有研究发现，1 周的自悯信书写的干预，能有效地减少女性的客体化身体意识，并提高其幸福感（李燕娟、王雨吟，2018）。

除了直接的自悯干预项目，很多其他心理干预项目也能起到提升自悯水平的作用，如同情聚焦疗法、接受承诺疗法、正念减压疗法（MBSR）和正念认知疗法（MBCT）等。同情聚焦疗法（compassion-focused therapy, CFT）是由 Gilbert 开创的一套基于进化心理学的心理治疗方法（Gilbert, 2009）。该疗法帮助来访者发展悲悯的技能和归因思维，用来替代他们原有的对自身的羞耻和自我攻击。一项元分析研究发现，这种治疗方法能够促进来访者的心理健康，对有高自我批判水平的来访者尤其有效。另外，接受承诺疗法（acceptance and commitment therapy, ACT）也是一项针对提升心理灵活性和自我悲悯水平的干预项目，它通过认知解离、接纳、正念、以自我为背景、明确价值和承诺行动 6 个主要过程帮助来访者（Hayes, Strosahl, & Wilson, 2012）。这些干预项目虽然侧重点不一样，但是，在治疗过程中都含有悲悯的成分，能够起到提升自我悲悯水平的作用。

## （二）生活中的自悯练习

想要提升自我悲悯水平并不一定要参加专业的干预项目才能实现，其实自悯更像是一种生活态度，可以贯穿在生活的方方面面，并且可以在日常生活中进行练习。接下来介绍一些可以运用到日常生活中的自悯练习（内夫，2017），帮助大家提升自悯水平。

**1. 自悯呼吸**

很多时候，我们甚至没有意识到自己的身体正在发生什么，它承受了

## 第8章 自我悲悯

多少的压力和痛苦；直到它耗竭时，我们才发现。接下来这个练习让我们用悲悯的态度去接触和关注自己的身体，同时向自己倾注悲悯。

第1步：找一个安静的、不被打扰的地方，以让自己舒服的姿势静坐。

第2步：根据指导语进行冥想。

> 请找一个身体觉得舒服，并且感觉受到支撑的姿势。然后轻轻闭上你的眼睛，眼睛部分睁开或者全部闭上都可以。慢慢地、自如地呼吸，释放你身上所有不必要的紧张。如果你愿意，可以将一只手放在心口，或是放在另一个感觉能安抚自己的地方。提醒自己，我们不仅仅是去觉察自身和呼吸，更是带着爱意去觉察。你可以把手放在心口，也可以随时放下。
>
> 现在，开始关注你身体的呼吸，去感受你的身体如何吸入气息和呼出气息。或许可以留意一下，你的身体如何被吸入的气息所滋养，又如何因呼出的气息而放松。让你的身体带着你呼吸。你并不需要做什么。现在留意一下你呼吸的节奏，感受气息的吸入、呼出。（停一下）花一点时间去感受你呼吸的频率。
>
> 现在，给自己一个微笑，一个很小很小的微笑，只需要感觉到你的嘴角轻轻地扬起，让你的双唇轻轻闭着。此时此刻，你的脸上出现了一个满足、平静、愉悦的表情。现在，把你的注意力放在你的呼吸上，就像你在注意着一个让你疼爱的孩子或是亲爱的朋友那样。感觉你的整个身体随着呼吸而微微地起伏，就像大海那样轻柔地波动。
>
> 你的思想自然会像一个好奇的小孩或小狗一样跑开。当这种情况发生时，只需要轻轻地回到呼吸的节奏上。如果你留意到有一种在监视自己呼吸的感觉，看看能否放开它，只是需要和呼吸在一起感受它。
>
> 让你的整个身体被呼吸轻柔地晃动和安抚——一种来自内部的安抚。如果你愿意，你甚至可以将自己交给呼吸。只是呼吸，呼吸……

面对灾难：人类的内在力量

（长时间停顿）

现在，温柔地将放在呼吸上的注意力释放掉，静静地坐一会儿，体会自己的感觉，让自己感受所有的感觉，那就是你。当你准备好时，慢慢地、温柔地睁开眼睛。

第一次练习时，你可能觉得自己没办法注入（感受）自己的善意或悲悯，这是最正常不过的事情，我们对自己的感受、身体变化的觉察仍然需要很多的练习，接受自己这次没办法产生善意或悲悯，就是对自己产生善意的第一步。

### 2. 自我安抚物品

有时候，物品是具有魔力的，能让我们在瞬间得到心理安抚。你有没有一件在自己伤心难过的时候很想看一看、摸一摸、抱一抱的物品？甚至只要想到那件物品，自己的心灵就能得到巨大的抚慰。

第1步：想一想你的身边有没有一件能够给予你温暖、带给你力量、给你安抚的物品，找到属于你的自我安抚物品。

第2步：如果它不在身边，想象它就在你的身边，感受和它待在一起的感觉。如果它在身边，以你熟悉的接触方式和它互动（如看着、触摸、抱着等），感受和它待在一起的感觉。

第3步：记住这种感觉，下次在你难受的时候，可以再次唤起这种感觉，让自己得到安抚。

### 3. 自我悲悯短语

这个练习需要我们去设计自己的自我悲悯短语，这些短语最好能够体现自我悲悯的含义，比如，"这个时刻真是煎熬"（正念）、"每个人都有艰难痛苦的时候"（普遍人性）、"愿我能被自己温柔以待"（自我友善）。

第1步：找一个安静的、不被打扰的地方，闭上眼睛，想一想"现在的我最想听到的一句话是什么"或"如果我的朋友正坐在对面，我希望他（她）对我说些什么话"。

第2步：深呼吸，把这些话默念给自己听，帮助自己获得平静和专注。

第3步：把这些话写在便利贴上，贴在日常生活能够经常看到的地方，时刻提醒自己。

## 五、总结

人生总会有各种波折，所有人都会在此时或是彼刻遇上各种不同的困境——普遍人性。身处困境时，总是不容易的，各种痛苦、难过、自责和抱怨等负性情绪会席卷我们，我们需要意识到这就是困境本身——正念。这个时候我们真正需要的是什么呢，有什么会让我们的内心真正得到慰藉和安抚？答案是自我友善。这就是自我悲悯，是我们或多或少都已拥有的应对困境的内在力量。更幸运的是，目前已有许多种类的练习，它们能够帮助我们增强自我悲悯，锻炼这股面对困境时的内在力量。

（王雨吟　杨婉婷）

### 参 考 文 献

ALLEN A B, LEARY M R, 2014. Self-compassionate responses to aging [J]. The Gerontologist, 54（2）：190-200.

ARCH J J, BROWN K W, DEAN D J, et al, 2014. Self-compassion training modulates alpha-amylase, heart rate variability, and subjective responses to social evaluative threat in women [J]. Psychoneuroendocrinology, 42：49-58.

ARIMITSU K, HOFMANN S G, 2015. Effects of compassionate thinking on negative emotions [J]. Cognition and Emotion, 31（1）：160-167.

BOOTH N R, MCDERMOTT R C, CHENG H L, et al, 2019. Masculine gender role stress and self-stigma of seeking help：The moderating roles of self-compassion and self-coldness [J]. Journal of Counseling Psychology, 66（6）：755-762.

BREINES J G, CHEN S, 2012. Self-compassion increases self-improvement motivation [J]. Personality and Social Psychology Bulletin, 38（9）：1133-1143.

BRENNER R E, HEATH P J, VOGEL D L, et al, 2017. Two is more valid than one：Examining the factor structure of the Self-Compassion Scale (SCS) [J]. Journal of Counseling Psychology, 64: 696-707.

CHAN B S M, DENG J, LI Y, et al, 2019. The role of self-compassion in the relationship between post-traumatic growth and psychological distress in caregivers of children with autism [J]. Journal of Child and Family Studies: DOI: 10.1007/s10826-019-01694-0.

CROCKER J, CANEVELLO A, 2008. Creating and undermining social support in communal relationships: The role of compassionate and self-image goals [J]. Journal of Personality and Social Psychology, 95 (3): 555-575.

DEPUE R A, MORRONE-STRUPINSKY J V, 2005. A neurobehavioral model of affiliative bonding [J]. Behavioral and Brain Sciences, 28: 313-395.

FRIIS A M, JOHNSON M H, CUTFIELD R G, et al, 2015. Does kindness matter? Self-compassion buffers the negative impact of diabetes-distress on HbA1c [J]. Diabetic Medicine, 32 (12): 1634-1640.

GERMER C K, NEFF K D, 2013. Self-compassion in clinical practice [J]. Journal of Clinical Psychology, 69 (8): 856-867.

GILBERT P, 2007. Psychotherapy and Counselling for Depression [M]. 3rd ed. London: SAGE Publications.

GILBERT P, 2009. Introducing compassion-focused therapy [J]. Advances in Psychiatric Treatment, 15 (3): 199-208.

GILBERT P, 2010. Compassion Focused Therapy: Distinctive Features [M]. London: Routledge.

GILBERT P, IRONS C, 2005. Compassion: Conceptualisations, Research and Use in Psychotherapy [M]. New York, NY: Routledge.

HAYES S C, STROSAHL K D, WILSON K G, 2012. Acceptance and Commitment Therapy: The Process and Practice of Mindful Change [M]. 2nd ed. New York: The Guilford Press.

HU Y, WANG Y, SUN Y, et al, 2018. Diary study: The protective role of self-compassion on stress-related poor sleep quality [J]. Mindfulness, 9 (6): 1931-1940.

KRIEGER T, ALTENSTEIN D, BAETTIG I, et al, 2013. Self-compassion in depression:

Associations with depressive symptoms, rumination, and avoidance in depressed outpatients [J]. Behavior Therapy, 44 (3): 501-513.

KRIEGER T, BERGER T, HOLTFORTH M G, 2016. The relationship of self-compassion and depression: Cross-lagged panel analyses in depressed patients after outpatient therapy [J]. Journal of Affective Disorders, 202: 39-45.

LEARY M R, TATE E B, ADAMS C E, et al, 2007. Self-compassion and reactions to unpleasant self-relevant events: The implications of treating oneself kindly [J]. Journal of Personality & Social Psychology, 92 (5): 887-904.

LI Y, DENG J, LOU X, et al, 2020. A daily diary study of the relationships among daily self-compassion, perceived stress and health-promoting behaviours [J]. International Journal of Psychology: DOI: 10.1002/ijop.12610.

LONGE O, MARATOS F A, GILBERT P, et al, 2010. Having a word with yourself: Neural correlates of self-criticism and self-reassurance [J]. NeuroImage, 49 (2): 1849-1856.

MACBETH A, GUMLEY A, 2012. Exploring compassion: A meta-analysis of the association between self-compassion and psychopathology [J]. Clinical Psychology Review, 32 (6): 545-552.

MURIS P, BROEK M V D, OTGAAR H, et al, 2018. Good and bad sides of self-compassion: A face validity check of the Self-Compassion Scale and an investigation of its relations to coping and emotional symptoms in non-clinical adolescents [J]. Journal of Child and Family Studies, 27 (8): 2411-2421.

NEFF K D, 2003a. Self-compassion: An alternative conceptualization of a healthy attitude toward oneself [J]. Self and Identity, 2 (2): 85-101.

NEFF K D, 2003b. The development and validation of a scale to measure self-compassion [J]. Self and Identity, 2 (3): 223-250.

NEFF K D, BERETVAS S N, 2013. The role of self-compassion in romantic relationships [J]. Self and Identity, 12 (1): 78-98.

NEFF K D, KNOX M C, 2017. Self-compassion [M] // ZEIGLER-HILL V, SHACKELFORD T K. Encyclopedia of Personality and Individual Differences. New York: Springer International Publishing.

NEFF K D, POMMIER E, 2013. The relationship between self-compassion and other-focused concern among college undergraduates, community adults, and practicing meditators [J]. Self and Identity, 12 (2): 160-176.

NEFF K D, SEPPALA E, 2016. Compassion, wellbeing, and the hypo-egoic self [M] // BROWN K W, LEARY M R. The Oxford Handbook of Hypo-egoic Phenomena. New York: Oxford University Press: 189-203.

NEFF K D, TÓTH-KIRÁLY I, COLISOMO K, 2018. Self-compassion is best measured as a global construct and is overlapping with but distinct from neuroticism: A response to Pfattheicher, Geiger, Hartung, Weiss, and Schindler (2017) [J]. European Journal of Personality, 32 (4): 371-392.

NEFF K D, TÓTH-KIRÁLY I, YARNELL L M, et al, 2018. Examining the factor structure of the Self-Compassion Scale in 20 diverse samples: Support for use of a total score and six subscale scores [J]. Psychological Assessment, 31 (1): 27-45.

PANI L, 2000. Is there an evolutionary mismatch between the normal physiology of the human dopaminergic system and current environmental conditions in industrialized countries? [J]. Molecular Psychiatry, 5 (5): 467-475.

RAAB K, 2014. Mindfulness, self-compassion, and empathy among health care professionals: A review of the literature [J]. Journal of Health Care Chaplaincy, 20 (3): 95-108.

RAES F, POMMIER E, NEFF K D, et al, 2011. Construction and factorial validation of a short form of the Self-Compassion Scale [J]. Clinical Psychology & Psychotherapy, 18 (3): 250-255.

SHAPIRA L B, MONGRAIN M, 2010. The benefits of self-compassion and optimism exercises for individuals vulnerable to depression [J]. The Journal of Positive Psychology, 5: 377-389.

SMEETS E, NEFF K, ALBERTS H, et al, 2014. Meeting suffering with kindness: Effects of a brief self-compassion intervention for female college students [J]. Journal of Clinical Psychology, 70 (9): 794-807.

VAZEOU-NIEUWENHUIS A, SCHUMANN K, 2018. Self-compassionate and apologetic? How and why having compassion toward the self relates to a willingness to apologize

[J]. Personality and Individual Differences, 124: 71-76.

WANG Y, FAN L, ZHU Y, et al, 2019. Neurogenetic mechanisms of self-compassionate mindfulness: The role of oxytocin-receptor genes [J]. Mindfulness, 10 (9): 1792-1802.

WAYMENT H A, WEST T N, CRADDOCK E B, 2016. Compassionate values as a resource during the transition to college: Quiet ego, compassionate goals, and self-compassion [J]. Journal of the First-Year Experience and Students in Transition, 28 (2): 93-114.

YARNELL L M, NEFF K D, 2013. Self-compassion, interpersonal conflict resolutions, and well-being [J]. Self and Identity, 12 (2): 146-159.

ZESSIN U, DICKHAUSER O, GARBADE S, 2015. The relationship between self-compassion and well-being: A meta-analysis [J]. Applied Psychology: Health and Well-Being, 7 (3): 340-364.

ZHOU H, WANG Y, DING J, et al, 2019. Development and validation of an age-appropriate Self-Compassionate Reactions Scale for Children (SCRS-C) [J]. Mindfulness, 10 (11): 2439-2451.

李燕娟，王雨吟，2018. 自悯信书写对年轻女性客体化身体意识的作用 [J]. 中国临床心理学杂志，26 (1): 179-183.

内夫，2017. 自我关怀的力量 [M]. 刘聪慧，译. 北京：中信出版社.

# 中编 群体水平的心理弹性

# 第9章 群体与社会支持

"人在本质上是一种社会性动物。"（亚里士多德《政治学》）。除了个体的生理反应、认知能力和情绪调节能帮助个人应对威胁，人作为社会性动物，还可以从他人（包括社会群体）中获得支持，以应对威胁。本章将围绕群体认同、文化影响、互联网及亲社会行为等内容，探讨在新型冠状病毒肺炎疫情之下，我们如何通过群体的力量在创伤和灾难中获得社会支持以应对威胁。

## 一、为什么需要社会支持

### （一）死亡焦虑

人类在进化过程中，为了生存和繁衍，为了克服极长的幼年期和力量与速度上的劣势，进化出了合作行为，即人类的社会性。面对危机四伏的自然环境，失去社会支持意味着死亡，所以社会性或者寻求社会支持，是写入基因的人的根本生存策略，是人类的本能（Zhou & Gao，2008）。因此，面对威胁（包括疾病、自然灾害或社会关系剥夺），人类都会自动寻求社会支持，以求从他人那里获得帮助。

恐惧管理理论和社会情感选择理论，就是用来解释人类在面临威胁时的应对策略。面对突发性的、破坏性极强的、严重威胁人类生命的灾难，人们的死亡恐惧和死亡焦虑被高度唤起。恐惧管理理论（terror management theory，TMT）提出，人如果长时间处于死亡恐惧和焦虑状态下，个人的心理调节功能会被摧毁，甚至引发严重的社会危害，因此，人类发展出一套防御死亡威胁和焦虑的心理机制，包括自尊、文化世界观及亲密关系（Pyszczynski, Solomon, & Greenberg, 2015）。自尊机制，是指个体通过提高个人价值感带来的积极自我感觉来抵御死亡危险。例如，研究发现，当联想到自己的死亡时，人们会更加高估自己将来所取得的经济成就，并更少地为过去的事情后悔。文化世界观机制，是指个体在面对死亡威胁时，会强调生命和生活中具有意义、秩序及永生性的概念（如道德习俗、法律、国家与文化等），并通过遵从这些信念来超越个体生命的有限性和死亡。研究发现，人们在联想到自己的死亡时，公平感会显著提高，并更加认同和捍卫自己所属群体的世界观与价值观。亲密关系机制，是指通过与他人建立和保持亲密关系，寻求亲密、依恋及联结来缓解死亡焦虑。研究发现，联想到死亡后，人们对社会交往会产生更多的积极认知，如对自己的人际吸引力和胜任力评价更积极；与此同时，减少对社会交往的消极认知，如减少对被他人拒绝的恐惧，并在人际互动中给予他人更积极的回应（Taubman-Ben-Ari, Findler, & Mikulincer, 2002）。

疫情也让人觉得人生无常，好像生命随时都会被终结。社会情绪选择理论（socioemotional selectivity theory，SST）认为，当人的未来时间感知变短（即感知到自己未来所剩时间不多，如自然衰老或濒临死亡），不同目标的优先性就会发生变化。当个体感知到未来的时间非常多，个体的目标会注重未来，倾向于结交新朋友或者学习新的技能。但是，在人们感知到时间有限时，会将更多的资源投入在情绪上有意义的目标和活动中，即更关注情感满足（Carstensen, Isaacowitz, & Charles, 1999）。例如，有研究发现，"9·11"事件后和SARS流行期间，因为意识到生命的脆弱和有限，人们更加注重从生活中获得情感意义（Fung & Carstensen, 2006）。

因此，出于对生存和繁衍的最基本渴望，对死亡的焦虑和感知到生命有限都会让我们主动去寻求支持（Zhou & Gao, 2008），借助自尊、文化世界观、亲密关系和生命意义感来缓解对死亡的恐惧与焦虑。

### （二）社会支持

正如前文所述，社会性是人类的基本属性。如果一个人的社会联结受到破坏，那么这个人的身体和心理都会出现一些问题。例如，在心理上，体验到孤独和抑郁；在生理上，也可能出现高血压等心脑血管病变。所以，寻求社会支持是人类的本能，可以帮助我们在心理层面进行自我修复。心理学上，将社会支持定义为一个人通过社会联系所获得的能减轻心理应激、缓解紧张状态、提高社会适应能力的影响（宫宇轩，1994）。研究发现，首先，无论个体目前的社会支持水平如何，只要增加社会支持，必然导致个体健康水平的提高（主效应模型）。例如，有研究发现，从社会支持网络中获得的社会支持越多，老年人的身心健康状况就越好（Berkman，2000）。其次，社会支持在应激条件下与身心健康发生联系，能够缓解压力事件对身心状况的消极影响，保持或提高个体的身心健康水平（缓冲器模型）。例如，McNaughton等人（1990）发现，社会支持在压力、应激源及应激行为之间起着缓冲作用，社会支持通过减轻压力和应激而对免疫功能产生影响。

综上所述，面对迅速发展并对生活造成较大冲击的疫情，抑或类似的突发的灾难性事件，寻求社会支持即人类抵抗负面事件的自然心理本能，有利于保证个体的身心健康。我们十分有必要去寻求和利用生活中的各种支持性资源。下面就从群体认同、文化影响、互联网和亲社会行为四个因素（见图9-1），介绍个体如何从中获得社会支持，以应对各种应激事件对身体和心理造成的影响。

## 二、从群体认同中获得社会支持

人类是社会性物种，群体生活贯穿于整个人类社会进化史，也是人类生存、繁衍和文明发展的基础与关键。因此，人类个体不仅不能在生存上独活，在心理上也不可与群体分割。早在1980年，Tajfel就提出群体认同

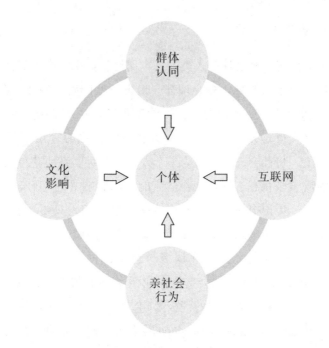

图 9-1 个体从社会和群体中获得社会支持的四个因素

理论(group identity theory/social identity theory),即个体认可自己所属某个社会群体的身份,并将这种"群体身份认同"纳入个体自我概念的一部分(Tajfel, 1981)。这种身份认同反映了个体对其所属群体及群体内成员特性的认知(如价值观,行为规范)、情感联结,也反映了个体对其所属群体的成员资格的认可和重视。

(一)群体身份认同

心理学家 Brewer(2010)和 Hogg(2016)通过理论建构和实证研究,发现并总结出群体身份认同对个体的重要心理意义。首先,在自我认知方面,个体通过对其所属群体的认知,将该群体的主观规范和核心价值内化,进而明晰个体的自我定义和觉知,例如,"我是谁""我该如何做"。研究发现,当个体成员认为自己的行为与群体所期望的典型行为不相符,不被群体其他成员接纳时，个体会感受到压力和痛苦（Brewer，2007）。其次，如开头所提到的，人类是社会性动物，马斯洛需求层次理论也提出归属感是人类的基本需求之一。个体通过认可其属于某一群体成员的身份，能确定自身与群体内其他成员的关系，产生与该群体的紧密联系，进而产生归属感，以抵御外界威胁所带来的不安全感。例如，研究发现，当美国人明确自己作为一个美国人的群体身份时，他们会比联想到自己作为一个独立个体时的身份，体验到更多的民族自豪感；不仅如此，当这种群体认同越强烈时，体验到的情绪就越强烈（Smith & Mackie，2008）。最后，如前文所述，人类能意识到自己的死亡，并因此感到焦虑和恐惧。群体成员的身份可以帮助人们获得意义感，以抵御死亡意识带来的恐惧和威胁，即个体通过群体身份认同获得"即使我死了，但是，我的群体、我的同伴还活着，我的后代还能繁衍"的意义感和象征性的"不死"，从而感到死亡并不可怕（Brewer，2010）。

（二）共同内群体身份

人类社会的群体分类具有多样性和流动性。个体可以有属于不同群体的身份，例如，一个女性中国公民既可以属于中国人群体，也可以属于女性群体。这些不同的身份认同凸显，受到特定情景的诱发和影响；同时，不同的身份的凸显与否会影响个体的后续认知及行为。例如，一个女性中国公民的女性身份在女权运动中会凸显，并会以女性的身份去行动，为女性争取权利；而中国人的身份在奥运会比赛中则会更加凸显，进而为中国队加油助威。Gaertner 和 Dovidio（2012）提出共同内群体认同（common ingroup identity），指出个体属于两个或多个不同的群体，并可以由一个包含性更广的共属群体所囊括。例如，对于一个多民族国家来说，个体既有属于不同民族的种族身份（ethnic identity），也有属于"国家"这一共同身份（national identity），并能通过这一共同身份形成统一的基于这个身份的认知、情感和行为。研究发现，在黑人参与者群体和拉丁裔参与者群体中，当"美国公民"身份被强化后，这些群体感知到的效能感会因为

"美国人"这一身份而提高,并降低为自己的族群争取利益的意愿(Ufkes, et al., 2016)。也就是说,当共同内群体身份被激活时,原本属于不同群体的个体就会通过共同身份来重新定义自己及群体边界(group recategorization)。原本的不同群体的身份认同和外群体的边界会因为共同身份而变得模糊,甚至消失,并通过共同的内群体身份凝聚到一起,产生基于共同身份的认知和行为。研究发现,安排个体参与共同任务或让个体感知内群体的共同命运,能突出和激起共同内群体身份认同,从而形成共同感来解决当代社会中存在的群际冲突与阶级分化等问题,铸牢共同体的心理认同基础,进而缓和群际冲突,并建立和谐的群际关系(Gaertner & Dovidio, 2012)。

综上所述,个体的群体身份认同不仅从心理上带给个体安慰和支持,对不同内群体身份的认同或者对共同内群体身份的唤醒,还会因为群体特征的差异而影响和引导个体的认知、情感及行为。

### (三)应对建议

在疫情中,每个人都产生焦虑、恐慌及抑郁等情绪。面对威胁和挑战,我们可以从群体中获取力量。

服从群体行为规范。作为一个中国公民,服从内群体规范,如响应国家号召、戴口罩、勤洗手、不聚会等,配合各种防护行动,做一个公民该做的事情。这样不仅可以从行为上降低被感染的风险,也可以从心理上因为遵守内群体规范而增强正面的自我效能感,缓解患病忧虑。例如,在心理上产生效能感——大家都这么做,大家都健康,证明防护有效,我也这么做了,所以我应该也不会得病。

从群体中获取情感支持。从疫情开始到现在,我们都说:"这不是一个城市、一个省、一个国家的事,这是一个民族的事,是人类要共同面对的挑战。"虽然作为个体,大部分民众被感染的概率都不高,但是大家还是自觉地认同和关注疫情重点地区,为其加油打气,捐款捐物。因为在这个时期,群体内成员的互相帮助,能让个体体验到群体齐心协力抗击外部威胁与挑战的决心和力量，即我们常说的中华民族同舟共济、守望相助的家国情怀。这样的感受，能让群体内个体感知到自己不是孤身一人，也不是渺小的沧海一粟，而是有依靠、有支持的群体中的一员，从而获得安全感和归属感。因此，我们建议个体与身边的人保持紧密联系，彼此给予支持，强化群体互助带来的安全感。

从群体成员身上找到意义感。本次疫情给个人带来的其中一个威胁在于疾病和死亡带来的恐惧与不安全感。面对死亡威胁，个体可以从其他内群体成员的勇敢、奉献和牺牲精神中获得意义感。例如，虽然大部分个体都只能留守家中，但是，大家还是时刻关注重点地区的疫情防控，见证许多逆行者、医务人员和志愿者的付出与牺牲，感受到人类不顾自身安危救助同伴的大爱精神，从而增强抗击病毒与防控疫情的勇气和信心。

强化人类命运共同体的使命感。抗疫期间，许多国家也为中国提供了救助物资。例如，日本寄来的救助物资附上的"山川异域，风月同天"几个字，让许多人感到震撼。两个国家虽然过去有争执和纷争，但面对威胁与灾难，这几个字激活了"人类共同体"的共同身份认同。共同身份认同，让个体会到虽然每个人的国籍、民族不尽相同，但是都生活在同一个地球上，同在一片天空下，有着不可分割的羁绊和联系，更有着共同的命运。通过内群体身份认同提高到人类命运共同体的高度，能极大地鼓舞个体面对灾难的斗志和信心，比如，人类曾经面对那么多威胁，依旧繁衍至今，并越来越繁荣，今天，我们也能战胜此次疫情。

## 三、社会支持方式的文化差异

俗话说，"一方水土养一方人"。文化不仅影响人们的外在，如社会风俗习惯，文化心理学的研究发现，文化也影响人们的价值观、知觉、情感及行为。虽然社会支持是人类的普遍需求，但是在不同的文化背景与规范下，人们知觉和利用社会支持的方式会有所不同。

## （一）人际关系的文化差异

文化心理学的研究发现，人们看待自我和他人的关系在不同文化下各不相同。在欧美等个人主义文化背景下，人们有独立型自我观，根据个人信念和个人目标采取行动，进而形成相对独立的人际关系构念，即人们可以按照自己的意愿自由选择，较少受到他人的影响和干预。相比之下，在东亚等集体主义文化背景下，人们拥有相互依存的自我构念，即人是彼此联系、互相影响的。因此，人们会更多地考虑集体或他人的利益和目标，并关注个人的所作所为对集体、他人和人际关系的影响（Markus & Kitayama，1991）。

在个人主义文化下，人们倾向于把人际关系视为有利于满足个人需求的资源，并鼓励个体在人际关系中表达自己的想法和情感以达到个体的目标。在集体主义文化下，人们会把维持群体和谐放在首要地位，因个人问题而引起他人注意，并寻求他人帮助的任何举动，都可能会被视为破坏群体和谐的不适当要求。这些文化观内化为社会规范，进而影响人们对社会支持的看法（Taylor, et al., 2004）。研究发现，相较于美国人，亚洲人和美籍华裔更少利用社会支持帮助自己应对生活中的应激事件，如向友人求助等；同时，在中国、韩国和日本等具有亚洲文化背景的国家，人们不愿寻求社会支持是一个普遍的现象。不仅如此，相较于欧洲裔美国人，亚洲人和亚洲裔美国人对寻求社会支持的评价也有差异。例如，当参与者观看一段录像，看到录像中的人处于压力中会主动寻求社会支持时，欧洲裔美国学生对录像中的人寻求社会支持的行为有更积极的看法，而亚裔美国人对寻求社会支持的行为有更消极的看法（Chu, Kim, & Sherman, 2008）。

## （二）寻求社会支持的文化差异

由于存在人际关系的文化差异，不同文化下的人们寻求社会支持的方式也会有不同。Taylor等（2007）根据寻求和使用社会支持的方式，把社会支持区分为内隐社会支持和外显社会支持。如上文所提到的，在西方个人主义文化下，鼓励个体主动寻求帮助，因此，个体寻求社会支持的方式是外显的，即从社会关系网络中直接获取和利用社会支持，包括工具性社会支持（如给予照料）和情感性社会支持（如关心安慰）等。而东方集体主义文化下的个体则更倾向于寻求内隐社会支持，即不是根据特定压力事件来表露自己的问题进而从人际互动中获得具体反馈和有形支持，而是通过自我觉察的方式从社会关系网络中获取情感支持。

例如，在一项研究中，研究者通过启动范式来操控参与者的内隐或外显社会支持。具体而言，内隐社会支持组的参与者被要求想象一个他们所属的亲密团体，然后写下该团体对他们的重要性。外显社会支持组的参与者需要想象一个他们所属的亲密团体，然后写下该团体对他们的重要性；而且，外显社会支持组的参与者需要想象一个对他们来说亲近的人，并就即将面临的压力事件向该亲近的人寻求建议和支持。随后，所有参与者需要进行一个公开演讲。结果发现，当面对这样的压力事件时，在亚裔参与者当中，内隐社会支持组比外显社会支持组有较低的压力水平和生理应激水平；而在欧美参与者当中，外显社会支持组则报告更低的压力水平并反映出更低的生理应激水平（Taylor, et al., 2007）。同时，另一项研究发现，相较于受东方文化影响的亚裔美国人，欧洲裔美国人认为，在寻求支持的方式上，口头表达和自我表露更重要，且能从中受益更多，这也表明东西方文化在寻求社会支持的行为是否外露上存在差异（Kim, Sherman, & Taylor, 2008）。总之，这些研究都表明，在集体主义文化下，人们更乐意使用内隐社会支持；而在个体主义文化下，人们更愿意寻求外显社会支持。

（三）应对建议

社会支持的匹配假设理论（matching hypothesis）认为，社会支持是否有效，需要考虑接受者的需求和期望（Cohen & Wills, 1985）。在全球化的时代，人际交流密切，疫情在世界不同地区都暴发，在提供社会支持的时候，需要考虑不同文化因素，采取适宜的社会支持方式，这样社会支持才能发挥作用，否则可能会好心办坏事、事倍功半。例如，给需要内隐社会支持的人提供外显社会支持，虽然意图是友善的，但提供支持的效果可能大打折扣。

疫情期间，我国很多心理学家和社会工作者为人们提供心理咨询援助服务。一项针对日本和美国的跨文化研究表明，人们主动寻求专业心理健康服务的意愿和他们在社交网络中寻求社会支持的意愿密切相关（Hashimoto, Imada, & Kitayama, 2007）。因此，在心理援助过程中，要考虑集体主义文化下人们更乐意寻求内隐社会支持这一因素，进而更有效地为处于疫情中的人提供心理援助。例如，我们的一项研究就发现，怀旧情绪能帮助社会关系受到破坏的个体从心理上获得社会支持感和联结感，这是一种比较好的抵御孤独的心理应对策略，并且这种策略具有跨文化稳定性（Zhou, et al., 2008）。集体主义文化下可以鼓励个体进行适当怀旧，以获得心理上的支持和安慰。

## 四、互联网中的社会支持

互联网日渐深入人们的生活中，很多传统的群际互动场域都转移到了互联网上，人们借助互联网的形式，可以超越时间和空间的界限。疫情期间，全国范围的隔离政策使大众花费更多的时间在网络上，获取和疫情相关的信息，其中，既有积极的情绪，如通过互联网获取疫情的最新信息，相互加油鼓励；也有消极的情绪，如污名化和地域歧视。心理学研究发现，互联网中的人际互动和情感交流有其独特表现。

### （一）互联网中的情绪感染

情绪感染，是指感知者的情绪由于暴露于一些情绪中，进而变得与他人的情绪相似的过程，此过程可能是无意识的，也可能是有意识的。研究发现，相较于面对面的线下人际互动中的情绪感染，网络上的情绪感染由于情绪的频率和强度都被放大，再加上网络上公开化的相互评价及反馈过程，情绪感染会增强。例如，社交媒介不仅选择性地向用户传递情绪信息，而且鼓励用户表达情绪（如分享个人的实时心情和感受并寻求他人的"点赞"等行为），这些形式会使情绪在互联网上快速传播与蔓延。同时，强烈的情绪表达会使用户在社交网络上收到更多的"点赞"和转发，从而让情绪强度在社交网络的传播中变得越来越高涨（Goldenberg & Gross, 2020）。

2014年的一项研究通过实验设计，探讨了社交媒体上的情绪感染过程。在这项研究中，Facebook用户被分成两组，分别接受含有积极或消极情绪词汇的信息，然后这些用户对接触不同情绪信息的用户情绪进行评估。通过计算用户文本中积极词和消极词的数量，该研究发现，无论接触到的是正面情绪信息还是负面情绪信息，接触到的情绪词越多，用户自己产生的该种情绪就越多（Kramer, Guillory, & Hancock, 2014），因此，人们的情绪会在互联网中快速地互相感染和传播，而情绪表达者和感染者的联系越紧密，传染性就越强，越能引起共鸣（Lin & Utz, 2015）。

另有研究表明，积极情绪比消极情绪更容易感染（Ferrara & Yang, 2015）。在互联网中宣扬正能量的事情，更利于传播正向情绪，降低人们因疫情而产生的恐慌和焦虑水平。例如，战"疫"中的英雄事迹通过建设性情绪感染的载体传播，让积极情绪来抵抗恐惧的传染，在不确定性的氛围中提升信心；也可以通过钟南山等人的言谈和事迹，在自身的社交网络中传递专业信息，进而传递支持性力量。

## （二）网络社会支持

网络社会支持，可以表现为在线互动行为。有研究者认为，网络社会支持与线下社会支持界定一样，即社会支持是通过言语或非言语的途径传达情绪、信息等，帮助他人减少压力的活动（Lin & Bhattacherjee, 2009），而梁晓燕和魏岚（2008）认为，网络社会支持是一种认同感和归属感，是一种对社会支持可得性的认知。网络社会支持具有易得便捷性、可"潜水"性、匿名性等特征，比传统社会支持具有更大的吸引力，在一定程度上是传统社会支持的补充和替代。关于群体互动的网络社会支持，多出现在一些健康网站中，例如，老年人健康论坛、疾病患者互帮网站。在这些网站中，相关人员可以获得情感性社会支持、信息性社会支持。关于网络社会支持的元分析发现，积极参与网络社会支持小组可以减少抑郁、增强自我效能感和提高生活质量（Rains & Young, 2009），网络社会支持也可以增加个体的网络信任。在灾难性事件面前，网络中出现专业的援助小组，成员可以通过网络提供的信息支持，增加应对病情的信心，缓解精神紧张状态，增强自我效能感，更好地促进创伤后的自我成长。

（三）网络中的污名化

污名（stigma），在本质上来说是一种负性刻板印象、一种歧视行为。Goffman（1963）认为，污名是对某些个体的不信任和不欢迎，是对某些个体或群体的贬低和侮辱性的标签。被污名化会被主流社会群体歧视，甚至排斥，给被污名化的个体带来有害影响，例如，污名内化之后，产生刻板印象威胁，降低被污名群体的自尊，也影响被污名群体的健康，提高抑郁和焦虑水平（Tynes, et al., 2012）。

研究发现，群际接触可以减少对外群体成员的偏见（Estroff, Penn, & Toporek, 2004）。因此，通过互联网报道和宣传各兄弟省份定点援助湖北的行动，以及不同省市人员沟通交流、共克时艰的举动，能够减少因疫情引起的污名化和地域歧视。同时，如上文所提到的，激发共同内群体身份认同对缓冲群体间的歧视行为具有重要作用。因此，通过网络宣传和呼吁等形式增强民族认同感和共同抗疫的使命感，能减少污名化和歧视现象给疫区人民带来的心理创伤。

## 五、亲社会行为和社会支持

面对灾难和困境，人们都会守望相助，小到一句安慰的话，大到不顾性命、奔赴一线从死神手里救人。记者询问那些奔波的人："辛苦吗？"回答无一例外都是："辛苦，但是值得！"这是为什么呢？

人类的社会性是双向的而不是单向的，如果所有人都只接受支持，社会将无法运转。因此，人类在进化过程中除了会寻求他人的支持，也学会了为他人提供支持，即亲社会行为。近年的研究发现，提供社会支持的人也能从中获得好处。

### （一）亲社会行为理论

亲社会行为（prosocial behaviors），泛指一切符合社会期望而对他人、群体或社会有益的行为，主要包括助人、分享、谦让、志愿行动、安慰、合作及慈善捐助等。互惠–利他理论认为，虽然亲社会行为会给个体带来损失，但是也会给个体带来收益；而这种收益有时是即时的，有时是延时的（Trivers，1971）。例如，在实际的收益方面，主动帮助他人的个体，在困难时更有可能得到曾经的帮助对象的支持，或者助人行为能同时提高个体在群体中的地位和声望；而在心理收益方面，助人者能够预期，当自己需要帮助时不会孤立无援，能够获得安全感和确定感（Wedekind & Braithwaite，2002）。

在幸福心理学的视角之下，Schwartz 和 Sprangers（1999）提出，可以用反应改变理论（response shift theory）来解释亲社会行为对疾病患者的积极影响。该理论认为，当投入以他人为导向的亲社会行为中时，个体会摆脱以自我为参照的模式，从日常的问题和困难中抽离出来，进而使自己受益。例如，当多发硬化症的患者去倾听他人时，他们不再把注意的焦点放在自己的疾病和抑郁上，这促使他们从自我的痛苦中脱离出来（Schwartz & Sprangers，1999）。

亲社会行为有利于提高幸福感。例如，盖洛普民意测验（Gallup poll）调查了130个国家超过100万人的捐赠行为，研究结果表明，过去一个月内向慈善机构捐款的数量，是预测生活满意度的因素之一。另外，大量相关研究表明，主动提供志愿服务（即为他人提供支持而不期望得到金钱补偿）与更高的生活满意度、积极的情感和抑郁减少之间存在着强烈的相关关系（Grimm, Spring, & Dietz, 2007）。除了提供金钱和时间，人们还能以其他各种方式提供帮助。例如，向陌生人表达善意，照顾生病的亲戚，安慰配偶，这些都是小而有意义的支持行为。与上面描述的许多研究一致，这些社会支持行为也可能增加亲社会行为提供者的福祉（Inagaki & Orehek, 2017）。

综上所述，相关理论研究和实证研究都表明，为他人提供亲社会行为可以增加自己的幸福感，即予人快乐也使自己快乐。

### （二）亲社会行为的心理收益：调节因素

通常而言，为他人提供社会支持都能够增加提供者的幸福感。然而，并非所有情况都是如此。在以下三种情况下，亲社会行为的提供者更可能获得心理上的收益。

首先是自由选择。当提供者感到能够自由地选择是否提供帮助，能够自由地决定如何去帮助时，他们更可能感到幸福。例如，在一项研究中，138名美国大学生被要求每天记日记，报告他们是否和如何帮助他人，并评估他们的日常幸福感。当他们是出于善意向某人提供帮助时，他们感到愉快；然而，当他们是出于强制性或必要性的要求而提供帮助时，这种情感收益就消失了（Weinstein & Ryan, 2010）。

其次是社会关系。当提供社会支持可能促进积极的社会交往和人际关系时，提供者更可能从社会支持中获得更大的心理收益。有一项对1500多名日本学生的消费习惯进行抽样调查的研究，其内容为询问他们暑假是否将钱花在别人身上，以及这样做是否对他们的社会关系产生了积极影响。大多数为他人花钱的学生报告说，这种支出对他们的人际关系产生了积极影响。与那些没有给别人花钱,或给别人花了钱却没有意识到这对人际关系有任何积极影响的学生相比,那些给别人花钱并且有意识的学生的幸福感更高(Yamaguchi, et al., 2016)。

最后是看到变化。当亲社会行为提供者能够很容易地看出自己的行为对他人的影响时,提供社会支持更可能促进幸福感。研究者向120名参与者提供了一个给慈善机构捐款的机会,其中,一半的人捐款给联合国儿童基金会,另一半的人捐款给"传播网"(Spread the Net)。虽然这两个机构都致力于促进儿童的健康,但儿童基金会涉及帮助儿童的范围非常广泛,捐助者难以想象他们的捐款将如何发挥作用。相比之下,"传播网"提供了一个明确、具体的承诺:每捐赠10美元,他们就会为贫困地区的儿童提供一个蚊帐,以保护儿童免受疟疾的侵害。研究结果表明,为传播网捐款越多的人,情绪感觉越好;而当人们向联合国儿童基金会捐款时,这种情绪上的"投资回报"就消失了(Anik, et al., 2013)。

(三)应对建议

如果自己感到焦虑不安,被疫情带来的恐惧困扰,不需要等他人来救援,可以尝试自己率先成为社会支持行为的提供者。正如积极反应理论所述,我们可以尝试去安慰身边的人,尝试为疫情严重的地方捐一些物资,此时,个体就能够从自己狭窄的参照系中脱离出来。作为社会支持行为的提供者,这些帮助给别人带去希望,能够证明提供者的存在价值,提升其幸福感。当提供者需要帮助的时候,别人不会袖手旁观,因此,他也能获得心理上的安慰。

当准备开始助人行为的时候,首先,请理性地思考这种支持行为是否发自内心。请自愿地选择是不是要提供帮助,并且选择自己认可的方式提供帮助。其次,当选择帮助的对象和群体时,可以尝试先从身边的人开始。你提供的这些社会支持行为能够增进你和帮助对象之间的社会联系。最后,如果想要帮助比较遥远的群体,可以选择透明管理的救助机构,这样你能确保你捐的每一分钱、每一份物资都切切实实地发挥了作用。

如果恐惧和死亡是无边的黑暗，抵抗黑暗最好的办法就是让自己成为光明之源。请不要再局限于自己的孤立无援，我们可以尝试先向别人伸出援助之手。

## 六、总结

在重大的灾难或者应激事件面前，人类作为群体性物种，群体力量和社会支持的作用不可小觑。疫情之下，个体经常体验到死亡与生命的局限所带来的恐惧和无助。恐惧管理理论和社会情绪选择理论都提出寻求社会支持可以应对这些威胁。本章阐述了群体身份认同、文化、互联网及亲社会行为等因素对个体社会支持的影响和作用。希望以此引导人们从群体中获取应对灾难和创伤成长的力量，并着眼于他人，充分发挥人类的社会性，互帮互助，共渡难关。

（周麟茗　张超彬　王浩　陆敏婕　高定国）

### 参 考 文 献

ANIK L, AKNIN L B, DUNN E W, et al, 2013. Prosocial bonuses increase employee satisfaction and team performance [J]. PLoS One, 8 (9): e75509.

BERKMAN L F, 2000. Social support, social networks, social cohesion and health [J]. Social Work in Health Care, 31 (2): 3-14.

BREWER M B, 2007. The importance of being we: Human nature and intergroup relations [J]. American Psychologist, 62 (8): 728-738.

BREWER M B, 2010. Intergroup relations [M] // BAUMEISTER R F, FINKEL E J. Advanced Social Psychology: The State of The Science. New York: Oxford University Press: 535-571.

CARSTENSEN L L, ISAACOWITZ D M, CHARLES S T, 1999. Taking time seriously: A theory of socioemotional selectivity [J]. American Psychologist, 54 (3): 165-181.

CHU T Q, KIM H S, SHERMAN D K, 2008. Culture and the perceptions of implicit and explicit social support use [R]. Poster presented at the annual meeting of the Society for

Personality and Social Psychology, Albuquerque, NM.

COHEN S, WILLS T A, 1985. Stress, social support, and the buffering hypothesis [J]. Psychological Bulletin, 98 (2): 310-357.

ESTROFF S E, PENN D L, TOPOREK J R, 2004. From stigma to discrimination: An analysis of community efforts to reduce the negative consequences of having a psychiatric disorder and label [J]. Schizophrenia Bulletin, 30 (3): 493-509.

FERRARA E, YANG Z, 2015. Measuring emotional contagion in social media [J]. PLoS One, 10 (11): 1-14.

FUNG H H, CARSTENSEN L L, 2006. Goals change when life's fragility is primed: Lessons learned from older adults, the September 11 attacks and SARS [J]. Social Cognition, 24 (3): 248-278.

GAERTNER S L, DOVIDIO J F, 2012. Reducing intergroup bias: The common ingroup identity model [M] // VAN LANGE P A M, KRUGLANSKI A W, HIGGINS E T. Handbook of Theories of Social Psychology: Volume 2. Thousand Oaks, CA: Sage: 439-457.

GOFFMAN E, 1963. Stigma: Notes on the Management of Spoiled Identity [M]. Englewood Cliffs, NJ: Prentice-Hall: 1-10.

GOLDENBERG A, GROSS J J, 2020. Digital emotion contagion [J]. Trends in Cognitive Sciences, 24 (4): 316-328.

GRIMM R, SPRING K, DIETZ N, 2007. The Health Benefits of Volunteering: A Review of Recent Research [M]. New York: Corporation for National & Community Service.

HASHIMOTO T, IMADA T, KITAYAMA S, 2007. Support seeking in Japan and U. S.: Perspective from daily support and professional help [C] // Proceedings of the 71st conference of the Japanese Psychological Association. Tokyo, Japan: Toyo University.

HOGG M A, 2016. Social identity theory [M] // MCKEOWN S, HAJI R, FERGUSON N. Understanding Peace and Conflict Through Social Identity Theory. Cham, Switzerland: Springer International Publishing: 3-17.

INAGAKI T K, OREHEK E, 2017. On the benefits of giving social support: When, why, and how support providers gain by caring for others [J]. Current Directions in Psychological Science, 26 (2): 109-113.

KIM H S, SHERMAN D K, TAYLOR S E, 2008. Culture and social support [J]. American Psychologist, 63 (6): 518-526.

KRAMER A D I, GUILLORY J E, HANCOCK J T, 2014. Experimental evidence of massive-scale emotional contagion through social networks [J]. Proceedings of the National Academy of Sciences, 111 (24): 8788-8790.

LIN C P, BHATTACHERJEE A, 2009. Understanding online social support and its antecedents: A social-cognitive model [J]. Fuel and Energy Abstracts, 46: 7-37.

LIN R, UTZ S, 2015. The emotional responses of browsing Facebook: Happiness, envy, and the role of tie strength [J]. Computers in Human Behavior, 52: 29-38.

MARKUS H R, KITAYAMA S, 1991. Culture and the self: Implications for cognition, emotion, and motivation [J]. Psychological Review, 98 (2): 224-253.

MCNAUGHTON M E, SMITH L W, PATTERSON T L, et al, 1990. Stress, social support, coping resources, and immune status in elderly women [J]. Journal of Nervous & Mental Disease, 178 (7): 460-461.

PYSZCZYNSKI T, SOLOMON S, GREENBERG J, 2015. Thirty years of terror management theory [J]. Advances in Experimental Social Psychology, 52: 1-70.

RAINS S A, YOUNG V, 2009. A meta-analysis of research on formal computer-mediated support groups: Examining group characteristics and health outcomes [J]. Human Communication Research, 35 (3): 309-336.

SCHWARTZ C E, SPRANGERS M A, 1999. Methodological approaches for assessing response shift in longitudinal health-related quality-of-life research [J]. Social Science and Medicine, 48 (11): 1531-1548.

SMITH E R, MACKIE D M, 2008. Intergroup emotions [M] // LEWIS M, HAVILAND-JONES J M, BARRETT L F. Handbook of Emotions. 3rd ed. New York: Guilford Press: 428-439.

TAJFEL H, 1981. Human Groups and Social Categories [M]. Cambridge, England: Cambridge University Press.

TAUBMAN-BEN-ARI O, FINDLER L, MIKULINCER M, 2002. The effects of mortality salience on relationship strivings and beliefs: The moderating role of attachment style [J]. British Journal of Social Psychology, 41 (3): 419-441.

TAYLOR S E, 2011. Social support: A review [M] // FRIEDMAN H S. The Handbook of Health Psychology. New York: Oxford University Press: 189-214.

TAYLOR S E, SHERMAN D K, KIM H S, et al, 2004. Culture and social support: Who seeks it and why? [J]. Journal of Personality and Social Psychology, 87 (3): 354-362.

TAYLOR S E, WELCH W T, KIM H S, et al, 2007. Cultural differences in the impact of social support on psychological and biological stress responses [J]. Psychological Science, 18 (9): 831-837.

TRIVERS R L, 1971. The evolution of reciprocal altruism [J]. Quarterly Review of Biology, 46 (1): 35-57.

TYNES B M, UMAÑA-TAYLOR A J, ROSE C A, et al, 2012. Online racial discrimination and the protective function of ethnic identity and self-esteem for African American adolescents [J]. Developmental Psychology, 48 (2): 343-355.

UFKES E G, CALCAGNO J, GLASFORD D E, et al, 2016. Understanding how common ingroup identity undermines collective action among disadvantaged-group members [J]. Journal of Experimental Social Psychology, 63: 26-35.

WEDEKIND C, BRAITHWAITE V A, 2002. The long-term benefits of human generosity in indirect reciprocity [J]. Current Biology, 12 (12): 1012-1015.

WEINSTEIN N, RYAN R M, 2010. When helping helps: Autonomous motivation for prosocial behavior and its influence on well-being for the helper and recipient [J]. Journal of Personality and Social Psychology, 98 (2): 222-244.

YAMAGUCHI M, MASUCHI A, NAKANISHI D, et al, 2016. Experiential purchases and prosocial spending promote happiness by enhancing social relationships [J]. The Journal of Positive Psychology, 11 (5): 480-488.

ZHOU X, GAO D G, 2008. Social support and money as pain management mechanisms [J]. Psychological Inquiry, 19 (3-4): 127-144.

ZHOU X, SEDIKIDES C, WILDSCHUT T, et al, 2008. Counteracting loneliness: On the restorative function of nostalgia [J]. Psychological Science, 19 (10): 1023-1029.

宫宇轩, 1994. 社会支持与健康的关系研究概述 [J]. 心理学动态, 2 (2): 34-39.

梁晓燕, 魏岚, 2008. 大学生网络社会支持测评初探 [J]. 心理科学, 31 (3): 689-691.

# 第 10 章  家庭弹性

俗话说,"家是温暖的港湾"。我们的文化语境就一直暗示着家庭是抵御困境的良方,是每个人汲取力量、再次出发的加油站。然而在研究领域,并非如此。早期的心理弹性研究充满了一种个人英雄主义的倾向,更关注于个体的人格特质、应对策略,以及神经生理特征如何帮助个体摆脱困境、获得成长。尽管人们也意识到了家庭的作用,但更多地将其作为风险因素(risk factors)进行讨论,例如,关注早期的不良养育环境、儿童期虐待等。然而,不同于西方社会这种高度个体化的概念,许多文化认为,个体是镶嵌于家庭和社会之中的,牵一发而动全身。家庭本身就应作为被关注的对象,而不是一个影响因素。

## 一、什么是家庭弹性

人类从来都不是一帆风顺的,不可避免地会经历各类灾难或困境,无论是人为的还是自然造成的。科学家们关注的问题就在于灾难究竟会如何威胁人们的适应,以及我们可以做些什么来减轻不利影响。尽管人们已经有许多观察和理论去探讨创伤和灾难给个体带来的影响,但真正关于人类心理弹性的系统研究起始于 20 世纪 70 年代(Masten,2001;Walsh,2016)。最初,研究的焦点都落在灾难所带来的消极后果上,但是,儿童发展和家庭研究领域的先驱很快意识到,经历同样灾难的个体,之后的发展轨迹具有异质性。研究者开始思考一个问题:为什么有些人能够实现积极的适应,或是摆脱灾难的不利影响?

在对个体的心理弹性进行研究的过程中,研究者发现,稳定、支持和滋养的人际关系是一个强劲的保护性因素。在一项追踪研究中,作者发现，所有表现出弹性的孩子"在他们的生活中至少存在一个人，对他们无条件接纳，无论他们的先天气质、外表吸引力，或智力水平如何"（Werner & Smith, 2001）。此外，家庭良好的组织结构和情感氛围也对孩子的心理弹性有着积极的作用（Hauser, 1999; Rutter, 1987）。此类的研究结果，让研究者关注到家庭在个体心理弹性发展过程中的重要作用。

与此同时，家庭治疗领域的研究者和临床工作者也非常关注家庭在经历创伤、危机之后的反应，同样注意到部分家庭在经历相同的灾难后，有着更强的适应性。与个体心理弹性的研究不同，家庭治疗领域的研究更为关注家庭作为一个整体的发展，而不是家庭内部个体的发展（Masten & Monn, 2015; Walsh, 2016）。家庭治疗深受系统观的影响，更加重视系统之间的互相联系和影响，这对家庭弹性的理论框架与研究内容产生了深远的影响。因此，家庭弹性的研究结合了系统理论、心理弹性理论，逐渐形成了整合的家庭弹性研究领域。

由于对关键概念的定义的多样化，心理弹性的理论和研究还存在许多挑战。心理弹性可以被认为是一种特质、一个过程、一种结果，或是一种生命历程的模式，甚至可以被认为是一种包含上述所有内容的广泛过程（Boss, Bryant, & Mancini, 2017; Luthar, 2006; Patterson, 2002）。这对总结和整合心理弹性的相关研究带来很大的困难。因此，Patterson（2002）提出，与个体心理弹性的研究类似，在将家庭作为研究的单元时，需要满足三个条件：第一，必须界定清楚家庭水平的结果变量，才能够考察家庭达成该结果的程度；第二，家庭必须面临某些威胁或风险，这些威胁或风险的严重程度应该达到多数家庭遭遇后会出现功能不良的水平；第三，需要了解哪些保护性机制阻止或者减轻了消极结果的出现。只有对家庭结果、显著的家庭风险及保护机制进行清晰的概念化定义后，才能开展家庭弹性的相关研究。

如上所述，关于家庭弹性的界定和理论框架，不同的研究者有着不同的界定。在此，我们将使用Walsh（2003）对家庭弹性的定义：家庭，作为一种功能系统，具有能够承受逆境和从逆境中恢复过来的能力。在本章中，我们将首先介绍家庭弹性研究理论框架范式的转变和整合，之后较为详细地阐述两个理论模型来帮助我们理解家庭在面对灾难（如新冠肺炎疫情）时的弹性。最后，将讨论如何将家庭弹性理论应用于实践工作之中。

## 二、理论框架的整合

家庭弹性的定义和理论模型随着思考范式转向系统式思维而发生变化。现有的许多观点来自不同的学科和理论，其中包含了生态理论（Bronfenbrenner, 1979; Bronfenbrenner & Morris, 2006）、发展系统理论（Gottlieb, 2007; Sameoff, 2010）、家庭系统理论与治疗（Cox & Paley, 1997; H. Goldenberg & I. Goldenberg, 2012; Walsh, 2016）、家庭压力模型（Boss, Bryant, & Mancini, 2017; Conger & Elder, 1994）、发展心理病理学（Cicchetti, 2006, 2010, 2013; Egeland, Carlson, & Sroufe, 1993; Sroufe, et al., 2005）及心理弹性理论（Masten, 2014; Rutter, 2012）等。

### （一）生态系统观

根据生态理论的观点，我们身处于一个宏大的系统之中。在面对灾难性事件时，个体的基因和神经生物学的影响客观存在，而个体、家庭、社区及更大系统之间的相互作用会进一步影响人们的应对模式（Bronfenbrenner, 1979）。同时，文化和精神世界也会发挥强大的作用，包括政治上的、经济上的、社会上的等（Falicov, 2012）。因此，这些都可以构成心理弹性的网络。根据动态系统网络的观点，这些不应被简单地视为影响个体和家庭的外部因素，而应被视为一个动态的、不断进行着的交互过程，家庭成员需要根据所处的系统环境来不断调整自己及相互之间的关系（Ungar, 2010）。

正是因为这种交互联结的动态关系，系统中各个因素的相互作用有时会带来"屋漏偏逢连夜雨"的恶性循环的效果。例如，身处中年的个体罹患某种疾病，丧失了工作能力，妻子因此离去，接下来可能会促发一系列消极后果，导致整个家庭和个体的功能受损。相反，系统中的保护性因素也可能促进良性循环。在上述的例子中，社会福利系统承担了这位男性的医疗费用，使其恢复健康，重新找到工作，生活逐渐进入向好的过程。

当我们用系统观来看问题时，就不会轻易将系统中的任何一个环节（如某一个人、一个家庭、一个群体）视为导致整个问题产生的罪魁祸首，因为所有的环节都是相互关联的。反过来，我们也不会轻易认定某个人或者家庭就是具有弹性的，因为这样做会弱化个体在苦难中所经历的痛苦，也会忽视整个系统所给予他（们）的支撑。

### （二）发展观

如果说生态系统观是在一个水平面上拓宽了我们看问题的视野，那么发展观就是增加了一个新的纵向维度——时间（Masten，2014）。早在弗洛伊德（Freud）时代，心理学家就已经具有纵向的视角，但当时的发展视角是较为狭隘的。早期观点认为，早年生活决定了人的一生，包括"原生家庭有罪论"等观点，反映的都是一种决定论，而不是真正以发展的视角看问题。近期的家庭治疗观点认为，"变化才是唯一不变的真理"，用发展的观点来理解家庭是至关重要的。

#### 1. 不同时间下的危机

相同的危机发生在不同的年代，其带来的影响必然不同。例如，就个体而言，在年幼时经历丧亲与成年后经历丧亲，虽然都会有痛苦，但对个体的发展会有不同程度的影响。而就群体而言，在国民经济发展还不够强大的时代和发展较好的时代遭遇同样的流行性疾病，对国民的影响也会不同。因此，若是以以往的成功经验，一味套用在不同时期发生的危机上，即便危机是相同或者类似的，那些成功经验也未必会再次奏效。

#### 2. 危机的积聚效应

生活中所遭遇的危机大多都不是单次、短期的，而是复杂的、变化的、积聚的。一些家庭很擅长处理短期危机事件,但面对累积的长期危机时,可能会不知所措,如患慢性疾病或残疾、身陷贫穷、战争或冲突带来的创伤。这种内外压力的叠加很容易摧毁一个家庭,就像工厂倒闭会让工人下岗,有的家庭因此会断了收入来源。长久的失业会让家庭关系变得紧张,家庭也许就因此而破裂,甚至使人流离失所(Walsh, 2013)。我们要增强家庭弹性,就需要调动各方面的社会经济资源。

### 3. 家庭生命周期的影响

个人和家庭都有其生命周期,在生命周期的不同阶段有着不同的压力源和发展性任务。因此,处于不同生命周期阶段中的家庭对危机的敏感性是不同的。举例而言,同样面对因新冠肺炎疫情而封闭在家的家庭,当其家庭生命周期处于孩子年幼时期时,其发展性任务就是发展亲密和依恋关系;而对于孩子处于青春期的家庭而言,其发展性任务是发展独立和自主。此时,家庭面临的冲突及所需要采取的应对措施完全不同。

Masten 和 Cicchetti(2016)将系统框架的突出主题进行了整理,提出了以下四个核心观点。

(1)许多相互联系的系统在多个层面上共同塑造了生命系统的功能,并促进其发展。

(2)系统的适应能力与系统的发展是动态的(总是处于变化之中)。

(3)因为生命系统天生就有内在连接性和相互作用性,所以若有变化产生,则必定是跨越领域和功能层面的。

(4)系统是相互依赖的。

系统的这些复杂又具有适应性的特质都对个体和家庭的心理弹性产生了深远的影响。个体位于家庭和其他系统(如朋辈团体、学校)之中,而家庭也位于更大的系统(如文化、社区)中。虽然其中一些系统可能会产生更直接的影响,但个体、家庭乃至更大语境下的交流都会对相互联系的系统造成影响(比如,虽然父母有更大的责任去照顾婴儿,但婴儿本身也发出信号让父母做很多事)。从系统的角度出发,一个系统的心理弹性需要依赖自己所连接的系统。因此,个体的心理弹性也依赖于相互影响的其他系统，特别是当该系统能够直接对个体的心理弹性进行支持时，比如说父母或大家庭。

## 三、家庭弹性的理论模型

由于对家庭结果变量的测量不同、家庭面临的危机不同，以及研究者感兴趣的保护机制不同，所以针对家庭弹性的理论构建较为复杂，不同的研究者有着不同的理论框架。在本章中，我们将主要介绍两个家庭弹性的模型：Patterson 的家庭的调整和适应反应模型，以及 Walsh 的家庭心理弹性模型。这两个模型从不同的角度切入家庭弹性，有助于我们更全面地理解家庭如何在经历危机后获得复原和成长。

### （一）Patterson 的家庭的调整和适应反应模型

对家庭心理弹性的理解要回归到家庭压力和应对理论之中，其中，Patterson 所提出的家庭的调整和适应反应模型（the family adjustment and adaptation response model，FAAR）将家庭压力理论与家庭心理弹性进行了良好的结合（Patterson，1988）。FAAR 模型有四个核心概念，分别为家庭需求（family demands）、家庭能力（family capacity）、家庭意义（family meaning）及家庭的调整和适应（family adjustment and adaptation）。家庭成员需要力求在家庭需求和家庭能力中达成一种平衡，这其中需要透过家庭意义进行评估，最终达成家庭的调整和适应（见图 10-1）。

在 FAAR 模型中，家庭需求包含常规应激源和非常规的应激源（如一些突发事件）、正在发生的压力事件（如没有解决的冲突）及日常琐事（如每日的小冲突）。在家庭弹性的研究中，针对究竟何种程度的事件可以被看作具有足够的显著性，换句话说，"危机"究竟要多"危"才能启动"机"，一直没有明确的界定。常规的应激源，如符合生命周期的事件（如生孩子）、日常的压力（如工作晋升带来的压力增加），是否也会引发危机？然而，在特定的情境下，这些看似常规或微小的应激事件，确实也

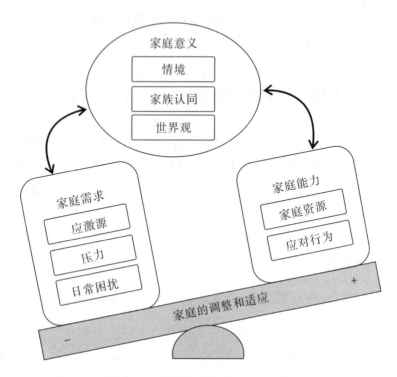

图 10-1　家庭的调整和适应反应模型

能引发危机,特别是在应激事件叠加及应对资源匮乏的情况下。

家庭能力,是指家庭所拥有的有形资产或无形的心理社会资源,以及家庭的应对行为(如家庭做了什么)。家庭能力可以被视为家庭面对危机时的保护性因素。对家庭更感兴趣的家庭弹性研究者自然比较关注家庭关系层面的因素,其中,最为核心的就是家庭的凝聚力和灵活性。当家庭能够在亲密与距离、变化和稳定之间达成一致的平衡时,就能起到比较好的保护作用。当然,研究也发现,高质量的情感和工具性沟通模式也能够促进家庭的功能。

家庭的能力与需求都可以发生在三个层面上,即个体层面、家庭层面和社会层面。当夫妻中有一人不幸患上某种疾病,那么患者的疾病是个人层面上的需求;如果这对夫妻因为这个疾病而总是相互争吵,那么双方的婚姻冲突引发的则是家庭层面的需求；我们的社会对该种疾病持有的偏见与污名化，这就是社会层面的需求。虽然这些需求看上去风险重重，但我们也要从不同层面分析家庭可能拥有的能力：夫妻的受教育水平及对自身权利的认识程度如何（即个人资源）？夫妻对婚姻的承诺及家庭凝聚力如何（即家庭资源）？现有的医疗系统是否完善（即社会资源）？要回答这些问题，就需要从个体能力、家庭能力和社会能力出发进行评估。研究者们认为，多个系统间的风险因素和保护因素总是相互交织的，而弹性则是在这个交互过程中产生的（Luthar, Cicchetti, & Becker, 2000）。

接下来再来看看家庭意义，家庭意义没有涉及太多个人层面的东西，但可以帮助我们理解家庭弹性的形成过程，它包含三层含义：家庭如何定义需求（即初级评估）和能力（即次级评估）、家庭认同感（即家人是否将家庭看作一个整体）、世界观（即如何看待自己的家庭与其他家庭的关系）（Patterson & Garwick, 1994）。家庭意义不同于个体的意义，家庭意义是在家庭成员朝夕相处、不断互动的过程中产生的一种隐性的、共享的解释系统。这些解释系统在组织和维护整个家庭过程中发挥着至关重要的作用，使得家庭在面对模糊的或是突如其来的刺激时，有协调一致的反应。家庭意义产生的过程，其实也是家庭成员进一步构建家庭中的风险因子和保护因子的过程。还是以夫妻中有一方不幸被诊断出患有某种疾病为例，家庭面对这个压力事件开始时是难以接受的，但要适应这样一个现状，家庭成员必须改变原有的一些价值观与信念，这样家庭才能继续运转下去。

在FAAR模型中，家庭会面临两种不同的结果。一种是家庭可以平衡需求和能力，达到相对稳定的状态。还有一种是家庭能力无法满足家庭需求，这种不平衡的状态会导致危机的产生，家庭内部也会陷入混乱。然而危机本身对于家庭来说也是一个转折点，因为危机的存在，家庭无法延续原有的功能，就不得不做出调整与改变，重新构建家庭平衡。如果家庭处理得当，家庭其实就拥有了再生力。而根据FAAR模型，处理得当就意味着家庭需要努力减少需求、提高能力，或者改变意义，有时需要三者中多方面的结合才能达到调整和适应,使家庭获得再生。

## (二) Walsh 的家庭心理弹性模型

Patterson 的模型根植于压力和应对理论,为我们提供了一个理解家庭弹性的动态过程的模型,而 Walsh 的模型则更多依赖于家庭功能相关的临床和社会科学研究,其所提供的概念模型能够帮助临床工作者识别家庭在压力下的关键过程,从而赋权家庭(Walsh,2016)。该模型界定了家庭弹性的三大核心领域内的九个关键过程(见图 10-2)。这九个过程在领域内和跨领域之间相互作用、相互协同。要注意的是,这并不是个核查表,不是具备这九项的就是"有弹性的家庭"。相反,这些指的都是动态的过程,是家庭在面对困境时可以去寻找可调配的社会和经济资源来努力增强自身的心理素质。面对不同的困境,在不同的社会和文化背景下,可能需要动用不同的过程才是有效的。具体的应用应根据家庭及其成员的具体情况来确定。

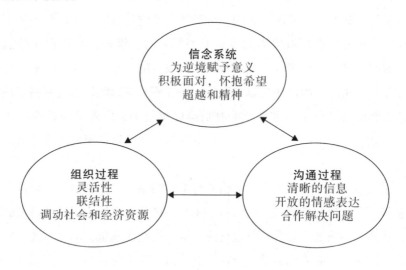

图 10-2 家庭弹性的关键过程

### 1. 信念系统

信念系统,是家庭心理弹性的核心组成部分。我们在应对危机和逆境时,需要为所经历的事情赋予意义:将这件事与我们的社会、文化和精神信念联系起来,将这件事与祖祖辈辈的历史及未来的梦想、希望联系起来。这个领域包含三个关键过程。

(1)为逆境赋予意义。家庭如何为逆境赋予意义,是家庭弹性的关键组成部分(Antonovsky, 1998; Patterson & Garwick, 1994)。它能帮助家庭去知觉和理解正在发生什么,以及为什么会在他们身上发生这些事。在对逆境赋予意义的过程中,这几点将会对促进弹性有所帮助:①以关系的视角看待逆境,家人之间对彼此有信心,相信大家会共克时艰;②将逆境引发的痛苦放在具体的情境下,正常化看待,而不过度泛化;③整体上相信生活是可理解的、在掌控中的、有意义的;④能够对未来有所期待。

(2)积极面对,怀抱希望。以积极乐观的心态面对逆境总会有很大的帮助。"正如我们的肺需要氧气,我们的生活也需要希望"(Brunner, 1984),希望是以未来为导向的一种信念。家庭也需要看到每个人身上的长处和潜能,这在面对困境时尤为重要,能够帮助家庭克服无助感。同时,要积极面对,而不是消极等待。告诉自己努力和行动会带来好的结果。抓住所有可能的机会,改变那些可以改变的事情。虽然我们无法完全掌控最后的结果,但我们可以做出选择,做一些可以做到的事情,力所能及地提高自己的生活质量。

(3)超越和精神。超越的信念,指的是超越自身、家庭和当下的困境,去寻找一种意义、目的和连接。它将过去与未来联结起来,将我们与古人和后来者联结起来;它使我们的生活变得清晰,使我们在困境中得到安慰;它使意外事件变得不那么危险,并促使我们接受超出我们控制的情况。大多数超越的信念都植根于精神信仰和文化遗产之中,可以通过世俗的价值观、深奥的哲学、意识形态和政治学说体现出来。人们在克服生命中的各种困难时,往往也会产生新的洞见。

## 2. 组织过程

家庭，有着各种形式和关系网络，要让家庭及其成员得到整合和适应，就必须提供相应的结构（Minuchin，1974）。家庭组织模式受文化和家庭信念体系的影响，由外部和内部的规范所构成。组织模式也基于特定家庭中的共同期望，以及彼此的习惯、个人偏好和相互的适应。为了有效应对逆境，家庭必须调动和组织其资源，并不断调整以适应变化的情况。

（1）灵活性。在面临逆境时，家庭需要发展出灵活的结构来优化功能。灵活性，指的是稳定与变化之间的动态平衡，它可以让家庭在维持自身结构的同时，也能够应对生活所带来的挑战（Olson & Gorall，2003）。家庭在面临逆境时，难免会破坏原有的家庭结构与日常生活，有些情况下可以尝试恢复和延续一些家庭传统与日常模式，但有些情况下没有办法回到之前的生活状态，只能往前走。在重建生活的过程中，家庭需要重新构建的是对"正常生活"的设定，面对未知的挑战。

（2）联结性。家庭组织中第二个主要过程被称为联结性或凝聚力，它是指家庭成员间的情感纽带和结构纽带（Beavers & Hampson，2003；Olson & Gorall，2003）。家庭成员可以相互提供支持与帮助，以此来面对生活中的挑战。这种温暖、关怀的氛围可以在危机时刻镇定人心。但同时，需要尊重每个家庭成员的需求与差异，每个人都有独特性，因此，也有着不可取代的价值。危机事件本身有时也会损伤成员之间的关系，带来冲突，因此，需要家庭成员灵活变通，考虑他人的需求，相互关爱，共同承担责任。

（3）调动社会和经济资源。亲人、社会和社区资源都可以为危机中的家庭提供一些实际的帮助与情感上的支持。当家庭愿意向外界寻求帮助时，反过来也会在他人需要时给予他人帮助。非洲有一句古老的谚语——"养育一个孩子，需要全村的力量"，这句话在今天也同样适用。许多家庭在面临危机时，并不能得到社会的结构化支持，使得危机进一步恶化（Bogenschneider & Corbett，2010）。针对这些现象，我们要在更大的系统中解决结构化问题，这对整个社会环境都有益处。

### 3. 沟通过程

良好的沟通能够促进很多事，包括家庭功能和弹性。然而，在面对危机、压力和逆境时，沟通质量会受到影响，然而此时正是最需要沟通的时候。在沟通的过程中，双方可以传递自己的想法与信念，表达情感，找到问题解决的方式（Ryan, et al., 2005）。任何沟通都包括内容层面（如传递事实、观点和感受）和关系层面（如界定、肯定，或质疑关系）的信息。

（1）清晰的信息。大量研究表明，清晰顺畅的沟通可以有效提升夫妻和家庭的运转（Beavers & Hampson, 2003; Olson & Gorall, 2003; Ryan, et al., 2005; Satir, 1988）。清晰连贯的言语和非言语信息都可以让沟通变得更为顺畅，当沟通被意外打断，成员能够恢复有效的讨论。清晰的语境能够帮助成员区分现实和幻想、事实和想法，判断说话人只是开玩笑，还是严肃认真地在表达观点。对同一件事情有不同的理解是因为每个人只看到了信息的一面，这时需要大家一起公开讨论自己所掌握的信息，以及自己的感受。

（2）开放的情感表达。在面对困境时，允许且能够接受成员表达所有的感受，无论是痛苦的还是积极的，这有助于家庭增强弹性。有研究表明，高心理弹性的家庭在面临家庭危机时，会找到多种途径去表达悲伤的感受；低心理弹性的家庭则往往闭口不谈自己的感受（Cohen, et al., 2002）。同时，在困难时期分享积极的情感体验、进行愉快的交流是非常重要的。如果家庭成员在交流的过程中，带着爱与欣赏的态度，尊重对方，用幽默诙谐的语气让家人笑声常驻，那么无论面对什么样的困难，大家都能携手克服。

（3）合作解决问题。有效的问题解决方式是战胜逆境的终极武器。所有的关系都会遇到问题，真正有弹性的关系是有能力共同处理冲突、解决问题的关系。这就需要家庭成员对于公开表达不同的意见具有耐受的能力以及解决问题的技巧。家庭愿意以开放的态度，倾听每一位成员的感受和观点，乐意尝试新的解决方案，以灵活的手段调动资源，关注目标本身，一步步前进，这些都有助于有效地解决问题。在解决问题的过程中，经常会发生冲突，而冲突本身并不可怕，需要注意的是对冲突进行及时的修复。

　　家庭弹性的这些关键过程是相互作用和协同工作的。例如，关系视角（信念系统）支持了联结性（组织过程）和合作解决问题（沟通过程），同时，也被后两者巩固着。共享的意义是通过沟通过程产生的。乐观的态度有利于促进问题的解决，而后者反过来又会加强乐观的态度。同时，过程成分之间也需要保持平衡，任何结构的灵活性是依赖于稳定性和变化性的动态平衡来实现的。

## 四、增强家庭弹性

　　根据以上模型，家庭可以自行或是在临床工作者的帮助下，识别自身的优势和缺陷，并相应地强化自己的弹性。需要再次强调的是，并不存在统一的"有弹性"的家庭。我们需要认识到每一个家庭都是独特的，他们所面临的困境也各不相同，而展示出弹性的道路更是有千万条。每个家庭都需要去识别和应用属于自己的弹性。在这个过程中，家谱图能够起到较好的帮助作用。

　　家谱图在家庭治疗中早已被广泛应用（McGoldrick，Gerson，& Petry，2008），只是在传统的临床应用中，比较关注表现出问题的家庭成员和关系模式，这样可以将干预的重心落到家庭功能失调的部分上。然而，弹性导向的方式尽管也会留意到问题领域和风险因素，但是，更为注重寻找积极的影响所在。

　　在家谱图的构成上，在传统地展现出直系三代的家庭组成之外，弹性导向的家谱图还会探寻其他重要的（家庭内和家庭外的）关系，可以包括但不限于旁系亲属、教父、师长、好友、近邻等。此外，还有以下问题需要进一步确认：谁是可以提供帮助的、对我们能够起到支持作用的、是爱护我们的？谁能够作为团队成员，为我们贡献力量和资源？谁可以作为

## 第 10 章 家庭弹性

我们的榜样或是人生导师？而且，他们会以何种方式帮助、指引和支持我们？有没有年长的一代能够为我们提供过去应对此类困境的经验？有没有年轻的一代能够为我们提供创新的想法？有时，宠物都可能起到这样的作用，因此，在评估时，可以将能够起到显著陪伴作用的宠物也囊括在内。

家谱图上的人物之间的关系如何？谁和谁之间的关系更为紧密？谁和谁之间有冲突，用了怎样的方式来解决冲突？哪些关系中的氛围是开放的、接纳的，能够允许新的想法和解决办法出现？哪些关系中允许情感的表达？

我们如何定义家庭，这点也十分重要。谁被你称为家人？谁是最重要的？每个人扮演的角色是什么？每个人能为家庭应对当下的困境提供怎样的支持，还是在惹麻烦？有时，我们对家庭的界定受限于家庭自身或是社会的标准，而忽视了一些关系，例如，父母离异后，与没有抚养权、不居住在一起的父亲或母亲的关系。每个人对家庭的期待是什么，同舟共济还是大难临头各自飞？家庭面对困境的态度如何，是听天由命、怨天尤人，还是主动出击？

从时间的维度上，我们要关注过去、当下，以及未来的可能性。有没有发生过类似的事件，是如何应对的？这些应对方式现在是否依然有效？哪些曾经有过的资源现在丢失了，如何找回，或是否能用其他的资源补齐？家庭如何看待未来，未来是否值得期待？

使用家庭弹性的框架，对家谱图进行完善，并且在回答上述问题的过程中，家庭就能够发现自身的弹性优势所在，以及还可以继续增强的领域。家庭可以依靠自身的力量，特别是已经有的优势领域，来增强还需要继续增强的领域，不断提升整体的弹性。但有的时候，由于危机过于强大，或是家庭自身的动力不足以调动整个系统，此时，就需要专业人员的帮助。

## 五、总结

家庭弹性的研究和实践,将理解人类力量的视角拓展到更大的框架中去。面对逆境,我们需要整合个体、家庭、群体和社会等多个系统,过去、当下和未来的多个代际的资源。系统的相互联结、相互影响的本质让我们看到弹性的涟漪效应,任何一件事都不是发生在一个人身上,而是透过层层涟漪发生在整个家庭、整个群体和整个时代身上。根据家庭弹性的理论框架,我们可以看到,凝聚力量(组织过程)、提高共识(信念系统)和促进沟通(沟通过程),了解自身的需求、能力和意义,从而达成调整和适应,不仅是每个家庭,也是整个群体应对灾难的有效方式。

家庭弹性的研究结果能够为政策制定、社会干预等方面提供科学的基础。但是,在向公众宣传家庭弹性的过程中,值得注意的是,要小心不能将"弹性"作为一种标签,无论是污名化的标签(如这个家庭没有弹性),还是一种英雄主义的标签(如这个家庭有着不药自愈的弹性)。相比污名化的标签,人们更容易忽视英雄主义标签的消极影响(比如:这个家庭是个极有弹性的家庭,不需要关注;这个家庭很有弹性,遇到再多的事都不用担心)。在系统的观点里,弹性是动态的,是特定的事件、时间、人物和社会多个层面叠加的结果。有无弹性不是既定的,也不是固定的。我们衷心希望每一个家庭都能拥有弹性,但这不能成为一项要求。

(王雨吟 王小雅)

### 参 考 文 献

ANTONOVSKY A, 1998. The sense of coherence: An historical and future perspective [M] // MCCUBBIN H I, THOMPSON E A, THOMPSON A I, et al. Stress, Coping and Health in Families: Sense of Coherence and Resiliency. Thousand Oaks, CA: Sage: 3-20.

BEAVERS W R, HAMPSON R B, 2003. Measuring family competence: The Beavers systems model [M] // WALSH F. Normal Family Processes: Growing Diversity and Complexity. 3rd ed. New York, NY: Guilford Press: 549-580.

BOGENSCHNEIDER K, CORBETT T J, 2010. Family policy: Becoming a field of inquiry and subfield of social policy [J]. Journal of Marriage and Family, 72 (3): 783-803.

BOSS P, BRYANT C M, MANCINI J, 2017. Family Stress Management: A Contextual Approach [M]. 3rd ed. Thousand Oaks, CA: SAGE Publications.

BRONFENBRENNER U, 1979. Contexts of child rearing: Problems and prospects [J]. American Psychologist, 34 (10): 844-850.

BRONFENBRENNER U, MORRIS P A, 2006. The bioecological model of human development [M] // DAMON W, LERNER R M. Handbook of Child Psychology: Theoretical Models of Human Development: Volume 1. 6th ed. New York, NY: John Wiley: 793-828.

BRUNNER E, 1984. Revelation and Reason [M]. Raleigh, NC: Stevens Book Press: 9.

CICCHETTI D, 2006. Development and psychopathology [M] // CICCHETTI D, COHEN D J. Developmental Psychopathology: Theory and Method: Volume 1. 2nd ed. Hoboken, NJ, US: John Wiley & Sons Inc: 1-23.

CICCHETTI D, 2010. Resilience under conditions of extreme stress: A multilevel perspective [J]. World Psychiatry, 9 (3): 145-154.

CICCHETTI D, 2013. Annual research review: Resilient functioning in maltreated children—past, present, and future perspectives [J]. Journal of Child Psychology and Psychiatry, 54 (4): 402-422.

COHEN O, SLONIM I, FINZI R, et al, 2002. Family resilience: Israeli mothers' perspectives [J]. American Journal of Family Therapy, 30 (2): 173-187.

CONGER R D, ELDER G H Jr, 1994. Families in Troubled Times: Adapting to Change in Rural America [M]. Hawthorne, NY: Aldine de Gruyter.

COX M J, PALEY B, 1997. Families as systems [J]. Annual Review of Psychology, 48 (1): 243-267.

EGELAND B, CARLSON E, SROUFE L A, 1993. Resilience as process [J]. Development and Psychopathology, 5 (4): 517-528.

FALICOV C J, 2012. Immigrant family processes: A multidimensional framework [M] //

WALSH F. Normal Family Processes: Growing Diversity and Complexity. 4th ed. New York, NY: Guilford Press: 297-323.

GOLDENBERG H, GOLDENBERG I, 2012. Family Therapy: An Overview [M]. 8th ed. Belmont, CA: Brooks/Cole.

GOTTLIEB G, 2007. Probabilistic epigenesis [J]. Developmental Science, 10 (1): 1-11.

HAUSER S T, 1999. Understanding resilient outcomes: Adolescent lives across time and generations [J]. Journal of Research on Adolescence, 9 (1): 1-24.

LUTHAR S S, 2006. Resilience in development: A synthesis of research across five decades [M] // CICCHETTI D, COHEN D J. Developmental Psychopathology: Risk, Disorder, and Adaptation: Volume 3. 2nd ed. Hoboken, NJ: John Wiley & Sons Inc: 739-795.

LUTHAR S S, CICCHETTI D, BECKER B, 2000. The construct of resilience: A critical evaluation and guidelines for future work [J]. Child Development, 71 (3): 543-562.

MASTEN A S, 2001. Ordinary magic: Resilience processes in development [J]. American Psychologist, 56 (3): 227-238.

MASTEN A S, 2014. Ordinary Magic: Resilience in Development [M]. New York, NY: Guilford Press.

MASTEN A S, CICCHETTI D, 2016. Resilience in development: Progress and transformation [M] // CICCHETTI D. Developmental Psychopathology. 3rd ed. New York, NY: Wiley: 271-333.

MASTEN A S, MONN A R, 2015. Child and family resilience: A call for integrated science, practice, and professional training [J]. Family Relations, 64 (1): 5-21.

MCGOLDRICK M, GERSON R, PETRY S, 2008. Genograms: Assessment and Intervention [M]. 3rd ed. New York, NY: W. W. Norton & Company.

MINUCHIN S, 1974. Families and Family Therapy [M]. Cambridge, MA: Harvard University Press.

OLSON D H, GORALL D M, 2003. Circumplex model of marital and family systems [M] // WALSH F. Normal Family Processes: Growing Diversity and Complexity. 3rd ed. New York, NY: Guilford Press: 514-548.

PATTERSON J M, 1988. Families experiencing stress: The family adjustment and adaptation response model [J]. Family Systems Medicine, 5 (2): 202-237.

PATTERSON J M, 2002. Integrating family resilience and family stress theory [J]. Journal of Marriage and Family, 64 (2): 349-360.

PATTERSON J M, GARWICK A W, 1994. Levels of meaning in family stress theory [J]. Family Process, 33 (3): 287-304.

RUTTER M, 1987. Psychosocial resilience and protective mechanisms [J]. American Journal of Orthopsychiatry, 57 (3): 316-331.

RUTTER M, 2012. Resilience as a dynamic concept [J]. Development and Psychopathology, 24 (2): 335-344.

RYAN C E, EPSTEIN N B, KEITNER G I, et al, 2005. Evaluating and Treating Families: The McMaster Approach [M]. New York, NY: Routledge.

SAMEROFF A J, 2010. A unified theory of development: A dialectic integration of nature and nurture [J]. Child Development, 81 (1): 6-22.

SATIR V, 1988. The New Peoplemaking [M]. Palo Alto, CA: Science & Behavior Books.

SROUFE L A, EGELAND B, CARLSON E A, et al, 2005. The Development of the Person: The Minnesota Study of Risk and Adaptation from Birth to Adulthood [M]. New York, NY: Guildford Press.

UNGAR M, 2010. Families as navigators and negotiators: Facilitating culturally and contextually specific expressions of resilience [J]. Family Process, 49 (3): 421-435.

WALSH F, 2003. Family resilience: A framework for clinical practice [J]. Family Process, 42 (1): 1-18.

WALSH F, 2013. Community-based practice applications of a family resilience framework [M] // BECVAR D. Handbook of Family Resilience. New York, NY: Springer: 65-82.

WALSH F, 2016. Strengthening Family Resilience [M]. 3rd ed. New York, NY: Guilford Press.

WERNER E E, SMITH R S, 2001. Journeys from Childhood to Midlife: Risk, Resilience, and Recovery [M]. Ithaca, NY: Cornell University Press.

下编 文化水平的心理弹性

# 第 11 章 文化背景中的心理弹性

人生旅程中，每个人都会经历不可预期的挫折、创伤或困境。如何面对这些改变生活的困难事件？最好的方式是保持心理弹性。"弹性"的英文是 resilience，源自拉丁语 resilio，意思是"弹回来"。其翻译因学科的不同而不同，除了"心理弹性"，还有"心理韧性""复原力""抗逆力""压弹"等多种译法，心理弹性的概念是在对抵御性（invulnerability）、脆弱性（vulnerability）、应对和抗压力（stress resistance）的研究中逐渐发展而形成的（Jew, Green, & Kroger, 1999）。20 世纪 50 年代起，人们在研究生活压力事件与疾病和心理健康的关系时发现，面对同样的压力事件，有些人容易出现情绪困扰和各种生理疾病，而另一些人却适应良好。这个问题引起了研究者持续而广泛的兴趣，激发了心理学、社会工作和精神病理学等不同学科的研究，扭转了心理学、精神病理学以往只注重缺陷与不足的病理观点。距早期学者（Garmezy, 1971; Werner & Smith, 1982）将心理弹性的研究拓展为一个全新的研究领域已近 50 年。50 年间，学术界给出了上百个关于心理弹性的定义，也从生物学基础、遗传因素的角度探寻心理弹性的来源，但迄今为止，由于研究视角、研究对象、研究领域和研究重点的差异，对心理弹性的概念与内涵界定仍未达成一致。不过，整体而言，过往的研究者都将心理弹性视为个体在面对阻碍适应或者成长的处境中促成积极结果出现的一系列现象，涉及人在与环境互动过程中对成长途径的探寻，是人们在面对生活挑战时的有效调整和适应，是个人运用内、外部各种资源成功化解各阶段发展问题的充满动力的过程。由此，心理弹性研究的重要贡献在于推动了一种研究范式的转变——从以往关注缺陷或者疾病的模式转向积极适应的方式的研究，即不追问怎样防止问题的出现，而是探究怎样运用社会结构所拥有的各种资源，推动个人的健康发展。当心理弹性的研究转向对个人在逆境中的发展过程的探索时，既有的研究已经展现出运用生态系统的工具探寻个人与周围环境之间的动力关系和潜在的多重机制的趋势，已经揭示出心理弹性与社会结构和文化紧密相连的关系，同时伴有具体的情境。

本章的目的是在梳理既往研究的基础上，提醒关于心理弹性研究本身亦深受文化的影响，因为它是建立在一种独特的关于人格、自我和社会规范的西方心理学、精神病理学理论及价值观之上的。因此，考察文化背景中的心理弹性，不应局限于揭示文化与心理弹性的相关性、构建干预模型，而是建议在处理心理弹性的研究和利用时，培养文化敏感性，将文化本身视为心理弹性的一部分，之所以这样做，是因为文化是一套变化的、历史上的实践，而不是一个封闭的系统或一套有限的想法（DelVecchio Good, et al., 2008; Kirmayer, 2005; Raikhel, 2006; Skultans, 2004）。

## 一、注重文化因素的心理弹性研究

心理弹性最雏形的概念出现在发展心理病理学（developmental psychopathology）的研究中，Grinker 和 Spiegel 于 1945 年即提出了先驱性的研究报告，指出经历灾难事件后仍有人可以复原且继续生活，此报告为后人的研究开启了新思维（Wright & Masten, 2005），激发了不同学科学者对心理弹性的研究与关注。截至目前，根据心理弹性研究重点的不同及对学科的主要贡献，大致可以分为四个阶段：①20 世纪 70 年代至 80 年代中期，心理弹性、风险因素和保护性资源特质的确定阶段；②20 世纪 80 年代中期至 90 年代，心理弹性风险因素和保护性资源作用机制研究阶段；③20 世纪 90 年代，心理弹性干预和预防策略研究阶段；④进入 21 世纪至今，多元的、跨学科的整合分析和实践阶段。

经由不同发展阶段的推动，心理弹性的概念取得了至少三个方面的转变与发展：①定义与内涵的扩充。心理弹性的定义由早期认为是个人特质和能力改为个人特质与环境互动的历程和结果，其内涵更强调涵盖保护性因素与风险因素,而这两种因素又均包含个人、家庭、学校和社会等层面。该扩充提醒研究者在探究个人成功适应的原因时,不能忽视环境与个人因素的交互作用,并且在强调优势本位的同时,亦不能无视风险因素的存在。②研究对象的改变。心理弹性研究的对象由一开始关注受过创伤、遭逢战争的高风险儿童,转而探究成长在家庭功能失常与社会及经济地位低的学童,近代更演进为关心具体情境中每一个人的心理弹性的发展。③研究重点的演进。早期心理弹性研究者好奇的是什么能力与特质让个人身处困境却能积极适应,随着研究理论的发展,特别是生态系统理论观点的提出,心理弹性的研究重点逐渐转变为探究个体人格特质如何与环境因素交互作用而产生保护机制,着重于对历程的了解、探究什么因素可以促进心理弹性及如何发展此因素三个方面上。这些研究发现,具有大量特定特征的个体更容易成功地面对消极的生活经历,而如果我们能够保持或发展这些特质,那么人们将能够更好地应对消极的生活经历。例如,Ungar(2004)即指出,过往的一些研究结果已发现,风险因素和保护性资源间的关系是复杂的、有关联的脉络的,心理弹性如同一个社会的建构,并且建议将个人视为建构其经验的主体。Ungar(2004)认为,心理弹性是个人在与环境互动中自己去建构出来的,将心理弹性定义为个人与环境协调出来的、个人自认为是健康的一种结果。Jordan(2001)则从关系脉络的观点来说明心理弹性的促发机制。Jordan(2001)提出:人们通过联结而成长,人们生活的核心动机在于参与培养成长的关系。通过这种相互同理(mutual empathy)、相互赋能(mutual empowerment)、朝向相互关系(mutuality)的联结,个人感受到被注意、尊重和回应,促发了个人的热情、价值感和生产力,使人更有能量,并能坚强地寻求成长与联结,这是最可能产生心理弹性的来源。如此的关怀促成了新一阶段的心理弹性研究,文化作为一项保护性资源被重视和揭示出来。

文化对心理弹性的影响,日益引起研究者的重视。生活在不同文化背景下的文化载体,如社会、社区、学校、家庭和同伴群体,在传承、表达文化功能时,也表现出各自文化的特殊性,因而,在研究个体心理弹性时，有必要考虑其文化属性，描述文化因素在应对困境时的促进作用，关注文化对心理弹性的作用机制（Clauss-Ehlers & Weist，2004）。已有研究证明了文化及其差异性在心理弹性发展、逆境应对方式中的重要作用。例如，一些研究发现，人际关系网络对保持及发展个人心理弹性有重要作用，已有研究者分别从个人建构及关系脉络的观点来探讨心理弹性的内涵与促进机制。比如：Werner（1995）在追踪研究中指出，与他人关系中的人际和情感距离才是与个人后来心理弹性有关的层面，"支持的来源"有助于个人发展出心理弹性；Gonzalez 和 Padilla（1997）的研究指出，对于那些得到学校或学术团体支持的美籍墨西哥学生而言，他们更能产生归属感，并能有效地观测其心理弹性的发展——得到越多的社会和家庭支持的个体产生对压力情境的无助感的可能性越少；而 Fagbemi（2000）在增进美籍非裔年轻人的心理弹性实证研究中发现，包含家庭、学校和社会的各类社会网络可以提供"支持的数量与质量"，与其心理弹性的分数具有正相关关系。另一些研究发现，个体关于自我的积极情感、文化结构和种族观念能够促进其心理弹性和积极行为的发展，而且较强的种族和性别认同能预测面对压力情境时的心理弹性。比如，Belgrave 等人（2000）的研究发现，文化和性别干预能有效提高美籍非裔青春期女孩面对诸如暴力、药物滥用和犯罪行为时的心理弹性。在研究中，他们设计的干预包括两种策略：强化资源（例如，提供新资源）和过程导向（例如，支持成功开发所需的关系）。具体而言，第一项策略包括提供课外活动；而第二项策略侧重于发展与他人的积极关系，重点在于加强美籍非裔年轻人的非洲中心价值观和传统，比如，灵性，和谐，集体责任，口头传统，情感的敏感性，真实性，平衡，面向过去、现在和未来的实时定位，以及人际（社区）取向，等等（Belgrave, et al.，2000）。研究结果表明，在干预后，参与者的非洲中心价值观显著提高，其民族认同与那些没有参加旨在增强自我价值感、非洲价值观和提升种族（性别）认同的干预的人相比，表现得更自信。研究人员由此认为，他们的研究有助于理解如何在美籍非裔女孩中促进心理弹性，以作为一种保护性资源。

## 第11章 文化背景中的心理弹性

进一步地，在过往及上述研究的基础上，有学者尝试构建心理弹性发展及影响机制模型。García Coll 等人（1996）不满于主流发展科学中对种族、民族和文化问题缺乏关注，基于种族主义和种族歧视的背景，强调种族主义、偏见、歧视、压迫及区隔对少数民族儿童和家庭发展的影响的重要性，综合了社会地位变量、社会分层机制、区隔、促进（抑制）的环境、适应性文化、儿童特征、家庭、发展能力八个影响有色人种儿童发展过程的主要结构，以发展理论和生态学为背景，建立了少数民族儿童发展能力研究的整合模式（见图11-1）。该模式基于社会分层理论，将心理弹性描述成"一个综合了个体特征、文化背景、文化价值观、社会文化环境中有利因素等的个体和压力事件的动态的、相互作用的过程"（García Coll, et al., 1996），把焦点放在有助于少数民族儿童胜任力和适应能力发展的家庭结构、功能及文化适应力上，其中，适应性文化内容包含了传统与文化遗产、经济史和政治史、移民和文化适应，以及当前的情境需求。

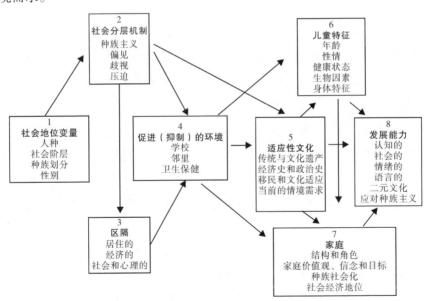

图11-1 少数民族儿童发展能力研究的整合模式

另外，有研究者侧重于个体、家庭和社区之间的关系及作用，构建了青少年心理弹性结构模型（Rew & Horner，2003），旨在揭示个人和社会文化的风险因素及保护性资源。这些因素（资源）可能会促进或阻碍青少年积极或消极的健康结果，从而为减少青少年后期健康风险行为和相关负面结果提供早期的干预措施。该模型认为，风险因素和保护性资源贯穿个体生活的始终，因模型的主要提出者从事护理教育，其风险因素的命名源于流行病学，反映了基于内、外部压力事件导致的个体病态和死亡的不良因素，这类风险因素和保护性资源相互作用后，形成不同的健康行为与良好的结果。心理弹性描述的则是一种风险因素和保护性资源之间相互作用的过程。在这一模型中，社会文化背景主要指家庭和社区。家庭，是指家庭成员在达成家庭目标过程中产生的一种动态的相互作用，它反映了家庭成员间的交往模式、父母的监护功能和家庭成员的支持程度。社区，主要是指在地理位置上人们共同生活、相互交流和分享共同的价值观的生活空间；社区包括各种组织机构，诸如教堂、娱乐中心和学校等。个体风险因素中的不幸遭遇，主要是指个体在遭遇压力性事件时的主观感受和体验；性情差异，则是指个体在不同情境下的行为反应模式或倾向。在个体保护性资源中，胜任力主要包含社会技能、通过教育而习得的能力、体能、自我价值感等，高胜任力的儿童比低胜任力的儿童更能妥善完成不同领域的活动，并且不易受到风险因素的影响；连通性，是指个体觉察到依靠他人可以获得情感和工具上的支持，连通性和社会支持被认为是缓冲诸如贫穷、高犯罪率和暴力等极端危险情境时的保护性资源。（见图11-2）

## 二、方法论个人主义视角下的心理弹性研究批判

虽然上述对心理弹性的研究呈现了心理弹性的动态复杂性及其与文化的关联性，但重点在于揭示出心理弹性的影响因素与操作性指标，另外，心理弹性研究的发展主要受心理学、生物学和精神病理学的影响，现有的理论成果多是以心理学、社会工作的研究为主，过分强调实验及量化研究

## 第11章 文化背景中的心理弹性

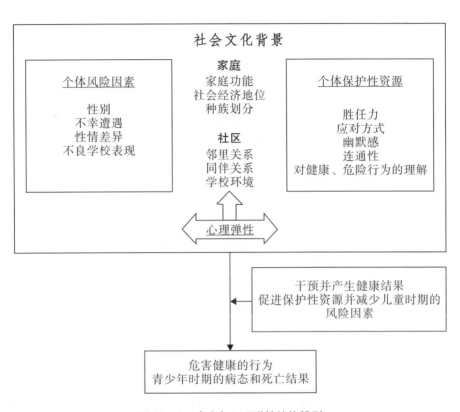

图 11-2 青少年心理弹性结构模型

方式,未对研究方式背后所依归的方法论、价值观进行反思,因此,即便强调对文化、对社会、对系统的关注,也多将其视为保护性资源或风险因素加以分析、揭示及利用。整体而言,过往对心理弹性的研究存在以下两个缺陷。

第一,注重个体心理弹性特征的研究范式具有个体还原论的倾向。这类研究主要以个体心理学研究为主,强调心理弹性实际是个体在生理、心理方面具备的某些个性特质,即便后期的部分研究开始关注家庭、朋辈及相关支持系统的影响,研究的核心出发点仍然停留在家庭等社会支持因素对形成有关个体心理弹性特征强弱的层面,换句话说,这类研究倾向于将心理弹性视为一种成功适应逆境的可标准化、可类属化的能力。这样的研究缺乏对社会文化和个体能动性的敏感度，解释力相对有限。

第二，基于文化因素的心理弹性有将文化本质化的倾向，研究缺乏对文化进行变化和动态性的关注。目前，研究主要基于心理学及社会工作预防、治疗和发展的视角，注重通过干预作用于心理弹性的风险因素和保护性资源；注重研究群体的心理弹性现状和生态系统中相关因素对心理弹性的影响，通过临床心理学或者社会工作的方法进行干预，并评估心理弹性的改善情况，最终提炼出有助于提升相关群体心理弹性的策略与方法。但是，关于风险因素和保护性资源之间如何产生交互作用，现有的研究很难做出有效的解释。

个人主义作为西方社会中根本性的文化价值，成为科学研究认识方法论的一个最关键的维度，被广泛应用于西方心理学、人文科学和社会行为理论中，而临床医学、流行病学、公共卫生和心理治疗亦是个人主义理念得以深入贯彻的传统领域（Dargush，2008）。贝拉等人（1991）在《心灵的习性：美国人生活中的个人主义和公共责任》（*Habits of the Heart: Individualism and Commitment in American Life*）一书的批判性分析中指出，西方心理治疗理念与其个人主义的哲学观念是一致的，因为它们在个人内在心灵必须超越外部世界方面具有高度共识。它们都认为，社会关系、制度、文化、规范和习俗在今天都应该以服从个人自由、主观价值与内心选择为前提。显然，从方法论层面上讲，西方临床心理学与精神病学通常不将个体以外的世界及个体存在的社会语境的集体构成方式作为关注重心，对文化境遇构成的集体主义语境中真实社会关系所支持的传统，既不屑一顾，也缺乏概念构架。过往对心理弹性的研究似乎也呈现出了这一缺陷，多在分离自我的范式中研究个人的特质与内在的特征（Jordan，2001）。将人视为独立于社会脉络外的个体来研究，较少将个人置身于所处社会的互动中来了解其自身的经验；而许多探索心理弹性结构的研究主要集中在白人样本上，对非白人文化群体中的心理弹性如何发挥作用，人们知之甚少。不过，近年来新出现的一些研究正在补足或改善这样的缺陷。例如，Clauss-Ehlers 和 Weist（2004）从社会文化的角度批判性地探索心理弹性，提倡"文化焦点的心理弹性"(culturally-focused resilient adaptation, CRA)研究,以重塑心理弹性。他们将文化适应力定义为个人的文化背景、支持、价值观和环境体验等有助于克服逆境的方式,试图探索文化如何与心理弹性相关,其"文化-心理弹性"的框架包含了压力事件、主要的应对方式、适应良好的应对、适应不良的应对和社会支持5个方面,其中,压力事件,是指产生压力的经历,包括正常发展中的转变、意外事件或灾难事件,以及高危情景,如贫穷、被忽视和虐待等;主要的应对方式,是指社会文化对个体应对方式的影响;适应良好的应对,是指个体具有复原能力,能以相关的、自信的、胜任的、变通的、积极的应对方式处理压力事件;适应不良的应对,是指个体特征显示出对压力事件适应不良的反应,如沮丧、不合群、焦虑、不安全感、自私等;社会支持,是指当个体面对逆境时,不同的环境、社会和文化价值观对个体处理压力事件的帮助。Ungar 和 Liebenberg(2011)在批评因为心理弹性研究中关于积极适应的定义主要来自西方的心理学论著,所以会导致研究结论缺乏文化因素的敏感性的基础上,建议"与其假定指标使用过程中的客观性与中立性,不如采取一种对社会生态更为敏感的取向",即从更具竞争力的文化框架内去理解积极适应,否则,心理弹性将只能沦为特定情境下小部分人群身上的静态现象。

## 三、作为心理弹性的文化

先前的心理弹性研究与理论多着眼于个人层次,在此基础上,新近的研究中,研究者开始注重社会文化、社会结构对心理弹性的影响,以及个体自我能动性的发挥。目前,研究的趋势包括:从关系层次探讨心理弹性如何扎根于关系中的互动联结(Afifi, Merrill, & Davis, 2016),从家庭层次探讨家庭如何作为一个展现心理弹性的主体(Amatea, Smith-Adcock, & Villares, 2006; Benzies & Mychasiuk, 2009; Saltzman, et al., 2013; Walsh, 2003);从社区层次探讨社区作为心理弹性的主体(Maggi, et al., 2011); 在对不同族群语境中临床的和社群背景的儿童康复策略适宜性进行测量的基础上, 讨论不同族群和亚文化社群中儿童的各种非西方文化的 PTSD 及其相关慢性症状, 提供不同文化少数族裔儿童心理创伤康复的实践策略 (Ungar, 2004, 2013; Ungar, et al., 2007)。Bolton 等人 (2017) 甚至将现阶段的心理弹性研究与理论称为第四阶段的多元层次分析 (multilevel analysis)。该阶段对心理弹性的思考和研究表明, 心理弹性既不是完全属于个人的, 也不是严格意义上属于社会的, 而是两者的互动和反复组合, 既是个人的素质, 也是环境的素质。对 Ungar (2013) 来说, 心理弹性是"个人和他们的社会生态之间的复杂纠葛", 研究者开始重视心理弹性的文化维度。个人心理弹性的发展与启动, 难以脱离个人所处的关系脉络去看待。有证据显示, 心理弹性可能是一个兼具文化一般性和文化具体性的概念。已有的基于心理弹性量表的测查结果显示, 即使是应用同一量表 (比如 CD-RISC), 也表现出明显的跨文化的因素波动性。因此, 有学者明确指出, 文化是探讨心理弹性不可或缺的重要维度, 心理弹性也是文化背景下的, 需要澄清逆境和能力在不同生态与文化背景下的差异 (Ungar, 2013)。个人、团体与社区更容易接受和利用包含文化一致的价值观、规范及资源, 促进心理弹性的提升 (Black & Krishnakumar, 1998; Parsai, et al., 2011)。一项关于美国"9·11"恐怖袭击的研究表明, 非洲裔更倾向于通过祈祷、宗教活动等精神方式应对创伤性事件 (Torabi & Seo, 2004)。Pole 等人 (2001) 的研究发现, 拉丁裔警察在受创伤之后更多地采用一种"一厢情愿" (wishful thinking) 和自我责备的方式应对创伤事件 (Pole, et al., 2005)。这些研究显示, 文化传统会影响人们对创伤性事件的应对方式——如何面对灾难、处理负面情绪。不同的群体在各自不同甚至迥异的文化熏陶下, 他们的认知和行为方式都或多或少地带有本族群的文化烙印, 因而在面对灾难性事件时, 可能出现特定的反应。

心理学的研究已经证明, 人的社会行为模式离不开文化的塑造和影响。特定的文化会培养出具有适应性的人格特质, 而拥有这些适应性人格特质的个体又会反过来巩固和强化已有的文化（Dressler, et al., 2007）。迈克尔·S. 加扎尼加（Michael S. Gazzaniga, 2013）引述了理查德·E. 尼斯贝特（Richard E. Nisbett）的研究结论——人们所从属的文化在塑造人的某些认知过程中发挥着重要作用。他和同事考察了这一观点。他们假定，东方人和西方人在思考某些事情时，使用不同的认知过程，这些差异的起源来自双方不同的社会系统，前者源于古老的中国，后者来自古老的希腊。研究人员认为，其他古代文明中没有跟古希腊人类似的文化，尤其明显的一点是，古希腊人认为，力量发自个体。Nisbett 等人（2001）在撰写研究结果时指出："较之其他任何古老的民族，甚至较之当今世界的大多数人，希腊人为个人载体赋予了更大的意义感——也即，人负责自己的生活，人听凭自己的选择自由行事。希腊人认为幸福来自人能施展自己的力量、追求卓越、免于束缚。"古代的中国人与此不同，他们更关注对社会的义务，以集体为载体。"中国人和希腊人不同的地方，在于前者强调和谐。每一个中国人首先是一个集体或若干集体（宗族、村落，尤其是家庭）的成员，以和谐为目标，社会环境不鼓励对抗和争论。对中国人而言，个人不是在各种社会环境下都能维持独特身份认同的独立单位，而希腊人却显然正是这样。"（Nisbett, 2003）

其他领域的研究，特别是人类学家提供的关于抑郁、创伤复原的田野资料也已经显示了显著文化差异的存在。在理解每一个具体文化或群体中的抑郁时，凯博文（Arthur Kleinman, 2008）和罗伯特·汉（Robert Hahn, 2010）等医学人类学的研究建议我们，抑郁并不是一个完全的文化相对主义式的概念，一个文化（群体）中的抑郁和另一个文化（群体）中的抑郁不可等同、相互观照。作为疾病的抑郁，确实有其生物学上的病理变化，在所有文化（群体）中的抑郁症或焦虑症患者身上，几乎都能发现神经生化、神经内分泌、神经免疫等方面的生理改变。这些功能性紊乱常常可以引发诸如头晕、头痛、消化系统不适、疲倦、失眠、惊厥、疼痛等躯体反应，其发生发展与先天遗传因素、早期神经发育异常和后天环境等多种因素相关，与焦虑、压力等心理状态相关，还与心脑血管疾病、糖尿病等疾病存在交互影响。但是，即使有这些生理和客观因素上的相同，每个具体的文化或群体对抑郁的观察和理解仍是千差万别的。在不同文化之间，与抑郁症相关的关于身体疾病的感觉、含义和表达方式是截然不同的，对于斯里兰卡的佛教徒来说，此世令人快乐的事物及宝贵的社会关系是所有苦难之源；自制和有意识地选择"寻求对世界的失望感"是通往超越苦难和拯救之路的第一步（Obeyesekere，1985）。对于伊朗的什叶派穆斯林来说，痛苦是一种宗教体验，彻底体验苦的能力被看作一个人的深度和敏感性的标志（B. J. Good, M. D. Good, & Moradi, 1985）。在新几内亚的卡卢利（Kaluli），人们看重对悲伤和痛苦的完全和戏剧化的表达（Schieffelin & Ochs, 1979）；相反地，巴厘人习惯于抚平情绪的起伏，保持一种纯粹、优雅和平静的自我状态（Geertz, 1973）。因此，延展到对心理弹性的研究时，这提醒我们需要充分考虑文化的影响因素。如果对文化差异的认识不够充分，就会导致一种凯博文言及的"概念谬误"（category fallacy）：把一个文化的诊断系统及其背后的信仰和价值观以民族中心主义的方式强加在另一文化的病痛体验上，而后者固有的诊断类别及其表达的信仰和价值观也许与前者是大相径庭的（凯博文，2008）。

## 四、如何在增进心理弹性的方法中调动文化

新型冠状病毒肺炎是人们近期遭遇的一场重大的突发事件，几乎所有的人都被卷入其中，但仔细区辨，不同身份、不同背景的人对新型冠状病毒肺炎的记忆却不尽相同。医生记住的可能是病人的病症、实施抢救的过程；病人记住的可能是患病时恐慌而紧张的心情、受疾病影响的身体，对家人和未来的担忧与期待；病人家属记住的可能是被隔离观察时的紧张和纠结、身边人群警觉的眼神、防护不足却坚毅果敢的医生；孩子大概只能记住神秘的口罩和家人焦躁时的训斥；屏幕前，每日观看新闻的观众记住的可能是某个令人担忧的数字、一个个让人揪心的画面；药店售货员记住的可能是某种特别热销的药品、人们涌向药店购买某些被指定的预防保健

品时的焦急和迫切。总之，在这一事件本身所能提供给人们的核心信息背后，不同身份或背景的人记忆了事件的不同部分，从各自不同的角度看到了事件的不同方面，反映了个体对事件的不同认识。如果疫情引起了人们的创伤或替代性创伤，显然，人们由此事件所引发的情绪感受、情绪体验与情绪表达也是不同的；对生活中的事件和优势的描述，也存在着类似的现象。如果我们将文化多样性作为一种资源纳入关于增进心理弹性的思考中，也许会取得不同的理解与干预成果，毕竟，文化与心理弹性的直接相关性在于，它决定了在压力下积极发展所必需的促进性资源（内部和外部）的可用性和可获得性，而文化差异的表征则镶嵌在具有差异性的情绪表达和具身性（embodiment）体验里。

随之而来的问题是，如何以与心理弹性相关的方式评估文化？在过去的研究里，Dressler（2012）开创了一个以量化的方式捕捉文化世界观的模型，他的文化和谐/不和谐模型衡量的是一个人的社会地位相对于主导文化模式的"良好契合"或"相对差距"，主导文化模式表达的是"什么是好生活"或良好社会地位的基本要素。正如他的研究显示的那样，社会期望和日常现实之间的差距可以映射到个人的压力水平、抑郁风险，甚至肤色——这些是社会逆境的有力生物学指标。文化和谐/不和谐模型有具体的、实际的目标：将个人层面的分析与文化规范和社会结构联系起来。该模型捕捉的是结果的异质性，而不是文化规范和健康结果之间的单一联系，因此，文化可以用一种有用且有意义的方式进行量化（Dressler, 2012）。这种方法提供了将健康和文化联系起来的具体方法，可以扩展到对心理弹性和文化价值观的研究中。

从操作与实践的层面来看，心理创伤康复本质上是一个文化心理学和人类学相互交织的问题，同地方性文化经验密切相关。每个族群都具有各自独特的文化，主要体现在核心价值观、民族信仰和传统观念等方面，进而反映在风俗、习惯及个体的行为方式上。因此，某种文化背景下特有的观念或信仰有可能影响人们处理困境和创伤事件的能力，他们的信仰和价值观指导着他们如何看待与应对创伤。要使生活在文化多元社会背景里的人在面对自然和人为灾害时获得真正的心理弹性,要重视"文化作为生活中反复出现的问题的集体性解决方式",唤起面临紧急情况和危机的社区的"社会记忆"。这种社会记忆的源泉"来自个人和机构的多样性,它们吸收了大量的实践、知识、价值观和世界观,对让系统为变革做好准备、建立弹性及应对突发事件至关重要"(Chiu & Hong,2006)。比如,Chan等人(2011)对汶川地震后的社区群体进行调研,发现在灾难后,亲人的去世是一个极度的压力和痛苦事件。研究者继而指出,中国是一个集体主义价值观的社会,因此,在发生巨大灾难之后,亲友之间的社会支持往往显得无比重要。这也启示我们,在中国文化背景下,处理灾难后的心理创伤,除了处理个体在创伤当下的情绪反应,梳理他们对创伤的记忆以消除解离症状,增加他们对现实的控制感,还需要更加关注那些丧亲的哀伤者,去关怀他们丧亲的那部分体验和情绪。因为在传统的中国文化中,人们是以血缘关系的远近来衡量关系的亲疏的,家族网络是中国人社会支持非常重要的来源——文化规范和个人感受在不幸与创伤的体验中相互影响。认识到这一点时,在提供干预策略上就会有不同的取向,在中国文化的情境下,需要在一个与日常生活相关的环境中,重视危机当事人的其他社会关系——家庭、亲属和同事等传统社会关系——重视这些关系提供或生成精神支持的方式,继而建构符合文化背景的处置方案。

## 五、总结

在心理创伤康复的领域,心理弹性的文化维度正在被研究者予以重视,将西方的心理治疗与行为改变促进创伤康复的研究成果应用于传统社会实践中已有相关经验,但仍需要在不断深入的文化视角中加以充分矫正,只有对本土文化资源进行深入的探索,才能使西方知识文本的转译与利用更为恰当,也才会使创伤的心理重建变得更加有效。这也从更深层的意义上表明,心理弹性的研究之所以需要强调重视文化,是由文化对人类生存适应与创伤复原功能的本质所决定的。依靠心理进化和遗传物质缓慢的自我更新，不能满足人类生活中面临的各种错综复杂、灾难频发、不断变化的环境要求，而文化作为人类的集体现象和人类学习与解决问题所具有的集体共享功能及更新功能，却能够最大限度地满足人类适应环境快速变化的生存需求。

（张广东）

## 参 考 文 献

AFIFI T D, MERRILL A F, DAVIS S, 2016. The theory of resilience and relational load [J]. Personal Relationships, 23 (4): 663-683.

AMATEA E S, SMITH-ADCOCK S, VILLARES E, 2006. From family deficit to family strength: Viewing families' contributions to children's learning from a family resilience perspective [J]. Professional School Counseling, 9 (3): 177-189.

AUTHORITY D, 2004. Polyphony in psychiatric consultations: A Latvian case study [J]. Transcultural Psychiatry, 41 (3): 337-359.

BELGRAVE F Z, CHASE-VAUGHN G, GRAY F, et al, 2000. The effectiveness of a culture-and gender-specific intervention for increasing resiliency among African American preadolescent females [J]. Journal of Black Psychology, 26 (2): 133-147.

BENZIES K, MYCHASIUK R, 2009. Fostering family resiliency: A review of the key protective factors [J]. Child & Family Social Work, 14 (1): 103-114.

BLACK M M, KRISHNAKUMAR A, 1998. Children in low-income, urban settings: Interventions to promote mental health and well-being [J]. American Psychologist, 53 (6): 635-646.

BOLTON K W, HALL J C, BLUNDO R, et al, 2017. The role of resilience and resilience theory in solution-focused practice [J]. Journal of Systemic Therapies, 36 (3): 1-15.

CHAN C L, WANG C W, QU Z, et al, 2011. Posttraumatic stress disorder symptoms among adult survivors of the 2008 Sichuan earthquake in China [J]. Journal of Traumatic Stress, 24 (3): 295-302.

CHIU C Y, HONG Y Y, 2006. Social Psychology of Culture [M]. New York, NY: Psychology Press.

CLAUSS-EHLERS C S, WEIST M D, 2004. Community Planning to Foster Resilience in Children [M]. New York, NY: Kluwer Academic Publishers: 27-41.

DARGUSH A, 2008. The Individualism of Psychology: Clinical Perspectives [M]. Boston, MA: Addison-Wesley.

DELVECCHIO GOOD M J, HYDE S T, PINTO S, et al, 2008. Postcolonial Disorders [M]. Berkeley, CA: University of California Press.

DRESSLER W W, 2012. Cultural consonance: Linking culture, the individual and health [J]. Preventive Medicine, 55 (5): 390-393.

DRESSLER W W, BALIEIRO M C, RIBEIRO R P, et al, 2007. Cultural consonance, and psychological distress: Examining the associations in multiple cultural domains [J]. Culture, Medicine, and Psychiatry, 31 (2): 195-224.

FAGBEMI S O, 2000. Resiliency mechanisms mediating chronic exposure to urban community violence [D]. Psy. D. Abstract, University of Hartford, AAT9974969.

FRAUENGLASS S, ROUTH D K, PANTIN H M, et al, 1997. Family support decreases influence of deviant peers on Hispanic adolescents' substance use [J]. Journal of Clinical and Child Psychology, 26 (1): 15-23.

GARCÍA COLL C, LAMBERTY G, JENKINS R, et al, 1996. An integrative model for the study of developmental competencies in minority children [J]. Child Development, 67 (5): 1891-1914.

GARMEZY N, 1971. Vulnerability research and the issue of primary prevention [J]. American Journal of Orthopsychiatry, 41 (1): 101-116.

GEERTZ C, 1973. The Interpretation of Cultures: Selected Essays [M]. New York, NY: Basic Books.

GONZALEZ R, PADILLA A M, 1997. The academic resilience of Mexican American high school students [J]. Hispanic Journal of Behavioral Sciences, 19 (3): 301-317.

GOOD B J, GOOD M D, MORADI R, 1985. The interpretation of Iranian depressive illness and dysphoric affect [M] // KLEINMAN A, GOOD B J. Culture and Depression: Studies in the Anthropology and Cross-Cultural Psychiatry of Affect and Disorder. Berkeley, CA: University of California Press: 369-428.

JEW C L, GREEN K E, KROGER J, 1999. Development and validation of a measure of resiliency [J]. Measurement and Evaluation in Counseling and Development, 32 (2): 75-89.

JORDAN J V, 2001. A relational-cultural model: Healing through mutual empathy [J]. Bulletin of the Menninger Clinic, 65 (1): 92-103.

KIRMAYER L J, 2005. Culture, context and experience in psychiatric diagnosis [J]. Psychopathology, 38 (4): 192-196.

KLEINMAN A, GOOD B, 2010. Introduction to culture and depression [M] // LEVINE R A. Psychological Anthropology: A Reader on Self in Culture. Malden, MA: Wiley-Blackwell: 112-116.

MAGGI S, ROBERTS W, MACLENNAN D, et al, 2011. Community resilience, quality childcare, and preschoolers' mental health: A three-city comparison [J]. Social Science & Medicine, 73 (7): 1080-1087.

MASTEN A S, 2001. Ordinary magic: Resilience processes in development [J]. American Psychologist, 56 (3): 227-238.

NISBETT R E, 2003. The Geography of Thought: How Asians and Westerners Think Differently and Why [M]. New York, NY: Free Press.

NISBETT R E, PENG K, CHOI I, et al, 2001. Culture and systems of thought: Holistic versus analytic cognition [J]. Psychological Review, 108 (2): 291-310.

OBEYESEKERE G, 1985. Depression, Buddhism, and the work of culture in Sri Lanka [M] // KLEINMAN A, GOOD B. Culture and Depression. Berkeley, CA: University of California Press: 134-152.

PARSAI M B, CASTRO F G, MARSIGLIA F F, et al, 2011. Using community based participatory research to create a culturally grounded intervention for parents and youth to prevent risky behaviors [J]. Prevention Science, 12 (1): 34-47.

POLE N, BEST S R, WEISS D S, et al, 2001. Effects of gender and ethnicity on duty-related posttraumatic stress symptoms among urban police officers [J]. The Journal of Nervous and Mental Disease, 189 (7): 442-448.

POLE N, BEST S R, METZLER T, et al, 2005. Why are Hispanics at greater risk for PTSD? [J]. Cultural Diversity and Ethnic Minority Psychology, 11 (2): 144–161.

RAIKHEL E, 2006. Governing habits: Addiction and the therapeutic market in contemporary Russia [D]. Princeton, NJ: Princeton University, Department of Anthropology.

REW L, HORNER S D, 2003. Youth resilience framework for reducing health-risk behaviors in adolescents [J]. Journal of Pediatric Nursing, 18 (6): 379-388.

SALTZMAN W R, PYNOOS R S, LESTER P, et al, 2013. Enhancing family resilience through family narrative co-construction [J]. Clinical Child and Family Psychology Review, 16 (3): 294-310.

SCHIEFFELIN B, OCHS E, 1979. Developmental Pragmatics [M]. New York: Academic Press.

SKULTANS V, 2004. Authority, dialogue and polyphony in psychiatric consultations: A Latvian case study [J]. Transcultural Psychiatry, 41 (3): 337-359.

TORABI M R, SEO D C, 2004. National study of behavioral and life changes since September 11 [J]. Health Education & Behavior, 31 (2): 179-192.

TUSAIE K, DYER J, 2004. Resilience: A historical review of the construct [J]. Holistic Nursing Practice, 18 (1): 3-8.

UNGAR M, 2004. A constructionist discourse on resilience: Multiple contexts, multiple realities among at-risk children and youth [J]. Youth & Society, 35 (3): 341-365.

UNGAR M, 2008. Resilience across cultures [J]. The British Journal of Social Work, 38 (2): 218-235.

UNGAR M, 2013. Resilience, trauma, context, and culture [J]. Trauma, Violence, & Abuse, 14 (3): 255-266.

UNGAR M, BROWN M, LIEBENBERG L, et al, 2007. Unique pathways to resilience across cultures [J]. Adolescence, 42 (166): 287-310.

UNGAR M, LIEBENBERG L, 2011. Assessing resilience across cultures using mixed methods: Construction of the child and youth resilience measure [J]. Journal of Mixed Methods Research, 5 (2): 126-149.

WALSH F, 2003. Family resilience: A framework for clinical practice [J]. Family Process, 42 (1): 1-18.

WERNER E E, 1995. Resilience in development [J]. Current Directions in Psychological Science, 4 (3): 81-84.

WERNER E E, SMITH R S, 1982. Vulnerable but Invincible: A Longitudinal Study of Resilient Children and Youth [M]. New York: McGraw-Hill.

WRIGHT M O D, MASTEN A S, 2005. Resilience processes in development [M].// GOLDSTEIN S, BROOKS R B. Handbook of Resilience in Children. New York: Springer: 17-37.

贝拉, 马德逊, 沙利文, 等, 1991. 心灵的习性: 美国人生活中的个人主义和公共责任 [M]. 翟宏彪, 周穗明, 翁寒松, 译, 北京: 生活·读书·新知三联书店.

汉, 2010. 疾病与治疗: 人类学怎么看 [M]. 禾木, 译. 上海: 东方出版中心.

加扎尼加, 2013. 谁说了算?: 自由意志的心理学解读 [M]. 闾佳, 译. 杭州: 浙江人民出版社.

凯博文, 2008. 苦痛和疾病的社会根源: 现代中国的抑郁、神经衰弱和病痛 [M]. 郭金华, 译. 上海: 上海三联书店.

缪绍疆, 赵旭东, 2008. 疼痛表达与中国人表达的躯体化 [J]. 医学与哲学 (人文社会医学版), 29 (3): 40-42.

席居哲, 桑标, 左志宏, 2008. 心理弹性研究的回顾与展望 [J]. 心理科学, 31 (4): 995-998, 977.

# 第 12 章 中国文化视域下的心理弹性

## 一、中国文化视域下的心理弹性的定义

此次新冠肺炎疫情,深深地影响了我们每一个人。重大灾难面前的无力感,是生物的本能;而从苦难中生发出希望和信心,则是文明的力量。著名的华人学者许烺光先生(Hsu,1943)在他的研究中指出,现代人仍然有着与生活在几千年前的祖先们一样的爱、恨、怒、喜、绝望、焦虑、希望和忍耐等情感,某一行为的情感成分是在社会化和文化适应中形成的,重要的是文化制约的结合与所讨论的现象之间的联系成为一个人的意义其实根植于人际关系中,因为没有人可以单独存在。

从中国文化的视域理解心理弹性,我们可以更多地把注意集中于对人的内在空间的理解上。

### (一)个人的内在空间

内在空间,并非指个人的、隐私的空间,而是指"我"与"他者"在互动的过程中,由"他者"所映射出的自我存在的空间,"他者"亦因为这一空间有了感通而变化的可能性。

对"他者"的关怀和慈悲,也同样映射为自我内在空间的扩展与充盈。

从心理学理论的角度理解,心理空间可以被理解为弹性,而所谓的弹性可以被认为是准备应对、恢复和适应压力、挑战或逆境的能力。这种能力体现在具体的人身上时,有四个向度:身体的能量、耐受性,情绪的恢复控制能力与积极的态度,注意力的持久与注意力的广度,以及坚定的信念与包容或整合各种观念与价值的能力。

## 第12章　中国文化视域下的心理弹性

很明显，具有较强心理空间的人，可以在挑战或压力性情境中更快地重振旗鼓。通过培养更强的弹性能力，人们能更好地做好准备，有更高的灵活性，能做出更明智的决断，可以在任何挑战时刻或任何情境下保持头脑冷静。

从"气"的角度理解，内在空间是对外而言的，其界限就是自我，也就是对自我的设定决定了内在空间。在中国传统文化中，向来有"通天下一气"的观念，物只是气不同形态的聚合，"我"是一物，也是气的聚合。庄子说："一受其成形，不亡以待尽。与物相刃相靡，其行尽如驰，而莫之能止。"（《庄子·内篇·齐物论》）自我和外界一样，都是一个连续变化的过程。所以，所谓的内在空间是一个当下的概念，当下"我"汇聚的"气"越多，相对而言，对外界的影响就越大，也就是内在空间越广大。

内在空间如何发生作用，若用阳明学的"知行合一"概念来理解，则是自我作为良知心体直接与当下的反应。因为我们知道，知与行的关系是平行并进的。"知是行的主意，行是知的功夫。知是行之始，行是知之成。若会得时，只说一个知，已自有行在；只说一个行，已自有知在。"（王阳明《传习录》）我们内在空间的意念活动是整个知行过程的初始阶段，从此意义上说，一念发动便已是行了。存善去恶的功夫也应随之而至，而人心中的一点良知为此提供了保障。也就是说，在一念发动之际，良知也同时启动，自我也开始发挥察识监督的作用，内在空间的作用便发动了。

从禅宗的角度理解，慧能说，"何期自性本不生灭……何期自性本无动摇"（《六祖坛经》）。禅宗所说自性并非某一个人的，而是遍布一切事物和作用的。因此，从自性而言，所谓的内和外是一体的，只是观察的角度不同，勉强做内和外的区分，禅师的嬉笑怒骂，当下体证这个内外一如，从根本而言，"我"与众生和万法是互相依存的，所谓"此有故彼有"，因此禅宗是活泼的，是随时随地都在变化的，体证这种变化，才能从根本上消解对"我"的执着，真正实践"无缘大慈，同体大悲"。

内在空间变动不居,禅宗的祖师们经由对内在空间的探索与清理,体悟那个不生不灭的自性,体悟自性和外境的不二不别,以深切的寂静和慈悲支撑着日常的柔弱与坚强。

### (二)心理弹性是个体内在的平衡感和坚韧性

美国心理学家罗杰斯做过这样一个实验:随机选取80名大学生参与实验,并征求他们的意见,询问他们是否愿意背着一块大牌子走在校园里。结果有48个人愿意背,而且他们觉得大部分人都会愿意做这个事情;而其余不愿意背的人则认为,只有极少数人会愿意做这个事情。心理学把这个现象解释为"投射效应",简单来说,就是我们会将自己内在的想法和价值取向投射到外界,认为外部世界也是如此,进而影响我们对世界的感受和自身的行为。

从社会建构理论的角度来说,传统心理学的研究对象——人格、态度、情绪和认知等并非一种内在的实在,这些心理现象并不存在于人的内部,而是存在于人与人之间,是人际互动的结果,是社会建构的产物。也就是说,我们的内在价值观的塑造与发展也受到外在环境的影响和改变。

综合而言,我们可以用中国文化传统中的境由心生和心由境起来概括上述两个面向的论述。境由心生强调个体的内在价值观和期待可以改变我们对世界事物的感受,心由境起则强调人极大程度上也是环境的造化和产物。这两个方面的作用也就是心与境之间的相互影响、相互作用,是一直存在的。学会理解心境关系,对我们构建心理弹性,提升个人内在平衡感与坚韧性有着重要的作用。

从中国文化的意义来讲,理想的人格诸如君子、隐士、高僧等,他们于心境关系的认识上有主从和侧重的差别,但共同的特质都是于心境上了了分明。比如:孔子说,"三军可夺帅也,匹夫不可夺志也"(《论语·子罕》);孟子说,"自反而缩,虽千万人,吾往矣"(《孟子·公孙丑上》);庄子说,"其神凝,使物不疵疠而年谷熟"(《庄子·逍遥游》);《大乘起信论》说,"心生则种种法生,心灭则种种法灭"。这些论述不胜枚举,

## 第12章　中国文化视域下的心理弹性

可谓明证。

圣贤都是凡人，中国文化中的理想人格不是天生的，而是通过后天的锻炼而修成的，通过具体培养方法的实践，最后达成理想的人格，这个过程也就是古人所说的修行。修行在逻辑上最简单的区分可以分为两个部分：一部分是对修行目标的确认，也就是悟道；另一部分就是在实践中不断接近道、体悟道，也就是所谓的历事炼心。这两个部分在实践当中并不能截然分开，诸如经过实践而调整自己的目标这种事，古人的例子也屡见不鲜。

修行成就以后，他们都具有的共同点是达到知、情、意的自然流动，也就是有极强的心理弹性的自我调适和适应。如何做到凭心转境，儒、释、道都有各自的方法，但根本都在于对自身觉知的训练。

鲁哀公问："弟子孰为好学？"孔子对曰："有颜回者好学，不迁怒，不贰过。不幸短命死矣，今也则亡，未闻好学者也。"（《论语·雍也》）孔子对颜回的评价中有一曰"不贰过"，即有良好觉知的人在察觉到错误之后，可以很快地调整自己，而众人因为缺乏自我觉知，所以在面对选择时常常不能够很好地吸取先前的经验教训，依旧冲动决定，进而出现重复的过错。因此，孔子才特别称赞颜回，说他"不贰过"，这在于其能够做到良好的自我觉知，并由此建立自身的内在平衡。

禅宗更是要求，于每一个起心动念处都要观照清楚，永明延寿在《宗镜录》中引用禅宗古德的明言说："不怕念起，唯虑觉迟。"念起是法界本来面目，眼、耳、鼻、舌、身、意接触各种境界的时候，必然会有种种心生，但如果不能辨得这个心，那就是流转六道去了，如果当下了了分明，则顿出三界。

庄子在《大宗师》中对"真人"做了如下的诠释："古之真人，其寝不梦，其觉无忧。"真人睡眠时不做噩梦，睡醒时没有忧愁，随时随地都无忧无虑。真人的根本在于与道合一、天下一气、大化流行，真人只是顺应这个演化，又哪里会忧虑愁苦呢？

我们可以参考先贤的例子，根据自身的性情和学养，选择一个合适的方法去实践、去体验。究竟而言，个体想要安心、减少自我疑虑，唯一需要做的就是看清自己，审慎自我和外界的关系。

### （三）心理弹性是文化-伦理关系的基础和纽带

自然科学方法已经在心理学研究中取得了统治性的地位，而心理学的人文传统却受到忽视或有意的贬抑，但其重要性正随着社会文化的急剧变迁而愈加突显。近年来，已有诸多学者体认到西方心理治疗理论忽略了文化因素与心理健康服务对象之间的关系，以致在面临多元文化情境中的心理障碍时遇到了困难和阻力（Gergen，2001），进而开始提倡在心理治疗和心理咨询中要更多地注入尊重人的多样性、多元文化的理念，对心理弹性这一概念的理解也面临着同样的问题。对心理弹性的理解与建设，需要从自身文化视角出发，从"个体-群体-文化"这样立体的层面来理解与建构自我心理弹性。

心理弹性存在于日常的生活中，文化-伦理关系是一种伦常关系，也就是许烺光先生谈到的中国人的关系——中国人有一种以情境为中心的倾向，即情境取向。相较于西方人，中国人较容易受到情境脉络的影响。中国人的所作所为，其实是相当重视情境脉络的（Hsu，1981）。他认为，当人的心理特征与情境的影响相竞争时，个人的行为受情境的影响大于受个人心理特征的影响。这种影响也就是弹性形变和弹性恢复，其中核心的部分深深植根于家庭、亲属和社会关系中，在许烺光他所指出的大家庭理想（文化）下，派生出了一系列的家庭生活现象。结合他对角色与情感的区分、对中国人文化人格的分析可见，他所认为东西方最重要的文化差异是西方文化的个人主义或自力更生与东方文化的情境主义或相互依赖（Hsu，1960）。

哲学是一种生活方式，不论就其是一种练习和获取智慧的努力，还是就它的目标是智慧本身而言，都是如此。因为真正的智慧并不仅仅吸引我们去知道，还使我们成为另外一个人（Hadot, Davidson, & Chase, 1995）。在中国哲学的范畴内，经验首先是古人的经验，它表达在经典所记述的内容中。一方面，古典的观念必须在古典生活经验中理解；另一方面，可以直接从古典生活经验中提取我们需要的观念。但是，进一步的要求是，它还必须以现代生活经验为基础，基于人类无论古今东西都具有的可以共享的经验或问题的前提，需要证明的是脱胎于古代经验的观念也能有效解释或引导当下的生活（陈少明，2019）。

提倡心理弹性的意义在于：在心灵困顿的时候，提升每个个体对自己生命价值的认定，并在共生关系中确立生命的价值和意义。意义治疗学，是彻底化解人存在意义的问题的治疗学。中国传统文化中的儒、释、道三家亦具有类似的特质。它们认为，人生的目的不只在于物欲的满足，更在于意义的抉择与实践。这些意义可以指道德生命的践行，也可以指个人生命的解脱，亦可以指自然生命的契合。这三者所包含的世俗世间层次的人生意义与高度精神性或宗教性层次的终极意义，其实都能满足意义治疗学对精神层面的要求。

总的来说，基于中国文化视角的关于内在空间与心理弹性的理解和表述，其实更多地反映出中国文化核心的气质与追求。因此，从中国文化的视角来理解心理弹性，其重要意义在于将个体放入其适宜的文化范畴中进行考虑，同时，学会从个体的整体性、发展性的方向来理解个体，这对建构个体心理弹性，以及追求人的全面发展都有着重要的现实意义。

## 二、心理弹性的中国文化特质

《说文解字·人部》说："人，天地之性最贵者也。"《释名·释形髓》说："人，仁也，仁生物也。"《礼记·礼运》说："人者，其天地之德，阴阳之交，鬼神之会，五行之秀气也。"

中国文化对人的定义和解释有其鲜明的特色，因此，作为生活在中国、浸淫于中国文化中的鲜活的个人，要构建和理解心理弹性，就必须会通心理弹性和中国文化的脉络，也就是要清晰心理弹性的中国文化特质，试述如下。

## （一）简易、变易、不易

《周易》是六经之首,诸子百家都对《周易》极为重视,即使是汉末以后才传入我国的佛教也有一系列与《周易》有关的论述,诸如李通玄《华严经合论》、蕅益《周易禅解》等。因此,我们可以说,《周易》是中国文化精神的基本点。而基于《周易》而来的周流六虚、变动不居的特质,也深深刻在中国文化的精神血脉之中。

《周易·乾凿度》曰:"孔子曰:《易》者,易也,变易也,不易也。"这句话不一定是孔子所说,但其内容确是对《周易》核心精神简明扼要的概括。《易》者,易也,是说简易,提出了要有一叶知秋、执简驭繁的认识高度;变易和不易,则从两个相反的角度,阐释了知常达变、允执厥中的操作要求。

考之于历史,我们可以看到中国诸如向往君子、鄙薄小人、重视家族、重视现实生活等贯穿千年而到现在依然鲜活的理念,同时,我们也可以看到不管是制度,还是装载具体事物的器具,从古至今都一直在发生变化。

比如,从唐代开始到现在,中国人都一直喜欢喝茶。但当前我们的茶叶、茶具及饮茶的方式都和唐宋时期截然不同,而这种事相上的不同,却并不妨碍我们心灵上的相通。唐人卢仝《走笔谢孟谏议寄新茶》诗曰:

> 一碗喉吻润,两碗破孤闷。
> 三碗搜枯肠,唯有文字五千卷。
> 四碗发轻汗,平生不平事,尽向毛孔散。
> 五碗肌骨清,六碗通仙灵。
> 七碗吃不得也,唯觉两腋习习清风生。

许烺光(2002)认为,情感是人行为的重要组成部分,情感强调个人感受,是一个相对稳定、单纯的范畴,古人和处于现代化环境中的我们，在情感上并没有大的变化，我们的喜怒哀乐是相通的。因此，即使我们不知道唐人喝的是什么茶、具体喝茶是什么程序，但这绝不妨碍我们和唐人一样得意忘言、得鱼忘筌，共同通过茶来享受这种美妙的精神愉悦。

因此，我们可以说，变是必然的，我们的境遇和古人必然不同；而不变也是必然的，决定中国之所以成为中国的内核古今一以贯之。例如，针对这次抗击新冠肺炎疫情，复旦大学的文扬研究员（2020）在《全球疫情"政治曲线"中的文明因素》一文中指出：

> 这一次中国以总体战、阻击战的应对方式抗击疫情，虽然发生在公元21世纪，却也体现了5000年中华文明本身的一种天然反应……早在东汉时期史书上就有朝廷"遣光禄大夫将太医循行疾病"的记载，此后历代史书上在记载某地大疫之后，也可见"使郡县及营属部司，普加履行，给以医药""遣医施药"等记载。比较起来，这种频繁的官民共同抗疫在其他文明中是没有的。……只有这样来看，才会明白为什么这一次中国政府在确定了疫情的严重程度之后，便几乎是出于本能地启动了全民共同抗疫的总体战、阻击战，全国人民也几乎是出于本能地进入了各自的角色分工开展抗疫……在外人眼里，中国似乎看起来天生就会，这种"天生"其实就是我们说的文明因素。

在中国文化这个大的主体之下，变易与不易的内容具体是什么，诸子百家又各有精彩的讨论，在下文中试做一简单陈述。

### （二）儒家的阐述

一般我们对儒家容易有保守、守旧的印象，但事实上，儒家对变极为推崇。如《诗经·大雅·文王》就赞颂说：

> 周虽旧邦，其命维新。

孔子一生崇拜周公，周公最大的功绩就是制礼作乐。王国维在《殷周制度论》中描述商周的差别：

> 周人制度之大异于商者，一曰立子立嫡之制，由是而生宗法及丧服之制，并由是而有封建子弟之制、君天子臣诸侯之制；二曰庙数之制；三曰同姓不婚之制。

这些影响了中国 3000 年的变革正是在周公的领导下进行的。
《礼记·大学》说：

> 苟日新，日日新，又日新。

《周易·系辞传》说：

> 《易》之为书也不可远，为道也屡迁，变动不居，周流六虚，上下无常，刚柔相易，不可为典要，唯变所适。

重视变化，与时俱进，不断革新，积极主动地调整自己以适应形势变化的需求，正是儒家可以在 2000 多年里一直占据中国文化主流的重要原因。

儒家谈不变的时候，最鲜明的特色是假借天道而谈人道，而其根本目的在于人道。例如，《论语·为政》说："为政以德，譬如北辰，居其所而众星共之。"儒家用北极星来与自己的政治理想做类比。事实上，这种类比并不一定准确，但是，儒家为天人关系增加了温度，构成了中华民族的历史底色。

儒家认为，认识天道的方式，在于减少自己的欲望，保持一个虚静的状态，然后就可以和天道相通，比如，孔子说："寂然不动，感而遂通。"（《周易·系辞上》）发展到宋理学的时代，甚至提出了"存天理，灭人欲"的主张，从积极的一方面理解，这有助于维持一个较高的道德水平；但从另外一方面看，也会导致对事功的相对忽略，而只把精力投入自身的感觉中，极端得犹如古人嘲讽的那些"无事袖手谈心性，临危一死报君王"的腐儒，这就丧失了孔子"开物成务，冒天下之道"（《周易·系辞上》）的宗旨，等而下之了。

（三）道家的阐述

道家对变和不变的阐释，都是围绕道展开的，简言之，变和不变都是道的本质属性，所谓悟道、体道就是对道本质的领悟和实践。老子《道德经》说：

> 有物混成，先天地生。寂兮寥兮，独立而不改，周行而不殆，可以为天下母。吾不知其名，强字之曰道。

这是老子对道的描述，独立不改说，道超越时空，始终如一；周行不殆说，道周流一切，而不会为任何事物所局限。

庄子在《知北游》一篇中讲了个故事，更生动地显示了道的普遍和超越：

> 东郭子问于庄子曰："所谓道，恶乎在？"庄子曰："无所不在。"东郭子曰："期而后可。"庄子曰："在蝼蚁。"曰："何其下邪？"曰："在稊稗。"曰："何其愈下邪？"曰："在瓦甓。"曰："何其愈甚邪？"曰："在屎溺。"东郭子不应。庄子曰："夫子之问也，固不及质。正、获之问于监市履狶也，'每下愈况'。汝唯莫必，无乎逃物。至道若是，大言亦然。周遍咸三者，异名同实，其指一也。"

庄子说，道周遍一切，从蝼蚁到瓦石，甚至到屎尿，都没有离开道。道遍布一切，所以我们可以根据自身的条件和兴趣爱好，通过任何一个事物去认识道。

修道并不受环境的制约，各行各业都可以因人制宜，修道以获得成就。庄子讲了很多专注于某种技艺而得道的例子，如庖丁解牛、轮扁斫轮、佝偻丈人等，不胜枚举。后世《神仙传》和各种民间传说中，因一技之长而为世所重，甚至被奉为神灵的，如茶圣、书圣、医圣、画圣，也大有人在。

（四）禅宗的阐述

根据《六祖坛经》的叙述，慧能因听人读诵《金刚经》而有悟处，遂发心去黄梅学道，舂米八月之后，听弘忍讲经一夜，大彻大悟，说偈曰：

> 何期自性本自清净，何期自性本不生灭，何期自性本自具足，何期自性本无动摇，何期自性能生万法。（《六祖坛经》）

自性清净说，自性不变，不会为烦恼所染污。自性能生万法，这里的"能生"只是一个语义逻辑上的生，并不是时间上的先后，理解为先有自性，而后从自性生诸法，是错误的。自性生万法，是说自性没有一个确定的主体，自性不是一个东西，自性只以万法的形式而显示，自性遍于一切，一切法都是自性的显示。

因此，禅宗谈变、谈不变，都是依于自性的。在体认自性之前，说不变是常见，说变是断灭见，常见和断灭见都不能离苦，所以说变、说不变都是错的；而在体证自性之后，说一切法都是应机而有，也就是观察众生的需要，自在宣说。正如《永嘉证道歌》所说：

> 圆顿教，勿人情，有疑不决直须争；不是山僧逞人我，修行恐落断常坑。非不非，是不是，差之毫厘失千里；是则龙女顿成佛，非则善星生陷坠。

证得自性之后，就如《法华经》中，龙女一念之间成佛；而不知自性，则流转六道，不得解脱。

自性本自具足，是从修道和悟道而言的，也可解释我们何以可能见性，以及如何见性的问题。我们日常行住坐卧、穿衣吃饭，都是自性妙用，因此，禅宗修道也是这个道理。试看雪岩钦禅师的公案：

> 雪岩钦禅师问高峰云："日间浩浩时，还作得主么？"峰云："作得主。"又问："睡梦中作得主么？"峰云："作得主。"又问："正睡着时，无梦无想，无见无闻，主在甚么处？"峰无语。钦嘱曰："从今日去，也不要汝学佛学法，也不要汝穷古穷今；但只饥来吃饭，困来打眠。才眠觉来，却抖擞精神，我遮一觉主人公，毕竟在甚么处安身立命？"（《永觉元贤禅师广录》卷7）

这就是禅师提倡的"二六时中，打成一片"，而在日常之外，额外去做一个修行的样子，就是把一片打成两段了。

## 三、中国文化视域下心理弹性的目标

中国文化中最有代表性的儒、释、道三家均对变与不变提出了辩证性的看法，而对变与不变的理解与把握也成了构建我们心理弹性的重要命题。面对变化才是不变的这样一个生命面向的现状，要保持自我身心状态，不致桎梏于一隅，离不开中国文化非常核心的追求——安身立命。

### （一）安身立命

何为安身立命？《孟子·尽心上》说："穷则独善其身，达则兼济天下。"庄子在《逍遥游》中描写蜩与学鸠看到大鹏时的对话说："我决起而飞，抢榆枋而止，时则不至，而控于地而已矣，奚以之九万里而南为？"六祖慧能说："何期自性本自具足，何期自性本无动摇。"（《六

祖坛经》）

如何判定是否为孟子所提的"穷"或者"达",这里面有一个判断的主体——"我",即独善其身还是兼济天下,选择是由"我"来做出的,只要能让"我"安心就好。对于蜩与学鸠,或许无须扶摇而上九万里,只要能在榆枋之间安定便可。所以对于个人而言,能够坚持本心,一以贯之,理解所有的事物,以及我们对所有事物的情绪、心态和选择都是出自"我"的本心,那便是做到了安身立命。正如孔子对颜回的评价:

> 一箪食,一瓢饮,在陋巷,人不堪其忧,回也不改其乐。贤哉回也!(《论语·雍也》)

对于如何能够安身立命,《礼记·大学》说:"知止而后有定,定而后能静,静而后能安",核心在于知止——知道了应达到的境界,才能有坚定的方向,进而做到心静神安。《礼记·中庸》说:

> 喜怒哀乐之未发,谓之中;发而皆中节,谓之和;中也者,天下之大本也;和也者,天下之达道也。致中和,天地位焉,万物育焉。

了解了万物的法度,达到了中和,不至极端,形成内心的流动,万物便可生长起来。

当理解了中国文化视域下人的发展追求更多地在于在变与不变下的安身立命,追求人的个体心理弹性充沛,社会适应良好的完备、流动状态,在人际关系中进行自我修养,成为内在完善的人(杜维明,1991)时,我们便可以了解到对心理弹性的建设,中国文化会更多地关注人的整体性发展,以及围绕变与不变而达成的人与自我、群体、自然(天地)的和谐状态。李亦园(2002)曾在文章中指出,中国文化的最基本的运作法则是追求均衡与和谐,即致中和。而为了达到最高的均衡与和谐的境界,则需要个体在三个层面——有机体系统(人)、人际关系(群体)、自然系统（天）上来共同获得均衡与和谐。对于自我、群体两个层面而言，对今天社会影响最大、构成我们这一文化心理结构的主要是儒家思想，即儒家强调的"学做人——学以成人"；在与自然相处的层面，对此讨论得更多，也给予我们诸多启发的主要是道家思想，即道家的"道法自然"。

### （二）学以成人

在个体与自我的关系层面，对于心理弹性的建设，孟子强调对苦难的理解和意义的找寻。《孟子·告子下》说：

> 故天将降大任于是人也，必先苦其心志，劳其筋骨，饿其体肤，空乏其身，行拂乱其所为，所以动心忍性，曾益其所不能。

对困苦的态度最能体现一个人的意志。只有通过极端困苦和坎坷的生活磨砺，才能锻炼和造就自己的心理弹性。在孟子看来，人并不是不能承受苦难和悲伤，关键在于能否找到承受苦难和悲伤的意义和价值（李桦，2014）。因为具有崇高生活目标的人，在面对时难时，不仅不会丧失意志，反而能够激励出更坚强的持守力和更充盈的内在空间。因此，找寻悲伤和困难的意义，不桎梏于苦难当下的情绪，学会深入其中理解意义，进而承担苦难，对个体心理弹性建构与发展有着十分积极的作用。

不同于孟子的关注，荀子更加强调人的实践与学习，强调通过实践来提升主观认识（潘菽，1984）。"人之性恶，其善者伪也。"（《荀子·性恶》）荀子认为，人性本恶，借助"伪"——有价值的创造行为——可以使人迁恶为善。荀子说：

> 人之生固小人，无师无法则唯利之见耳。人之生固小人，又以遇乱世，得乱俗，是以小重小也，以乱得乱也。君子非得势以临之，则无由得开内焉。……汤、武存，则天下从而治；桀、纣存，则天下从而乱。如是者，岂非人之情固可与如此，可与如彼也哉！（《荀子·

荣辱》)

人常常会低估其所处的环境及社会力量对自己的影响力,同时,高估自己的抗压能力。身处乱世的荀子深刻地看到了社会对个人的巨大影响,个人面对环境如果只有对人性、人情本善的美好理想,那是不足以抵御外在的侵扰的。之所以产生这些困顿和苦难,荀子认为,是因为个人主观认识对社会规范、要求的了解不足,以及对个人自我位置的不当处理,故通过学习改变和增加认识并遵从规范是增益生活、提高个人应对困境的心理弹性的一个有效途径。

在个人与群体的层面,儒家认为,人活在这世间,家庭是最基本的生活场域。从家庭里头开始伸展,人活着,他不是一个"个体",人活着就是放在家庭的脉络里,自然而然地去理解、诠释与体会,在这过程中参与促成,别人帮助你,你也帮助别人(林安梧,2002)。儒家强调的家庭脉络中,"人"的概念是放在一个网络里面,是放在一个可以调节生长的脉络中看待我们自己。"自我"的概念不能与外在事物分离开来,不能先把自己孤立起来作为一个认知主体去认识这个世界,"自我"是人和家所形成的一种情感互动的关联、生命的互动关联。由此进而拓展到社会群体当中时,儒家强调从家庭的孝悌之道延伸和提升为仁义之道。因此,关于如何在群体中建构心理弹性和安顿身心,从家庭的脉络、亲情的脉络,跨出去进入社会环境,依循仁与义、人和人、社会与社会之间的互动感通,形成一种新的社会支持系统。

(三)道法自然

与儒家强调人的血缘性的脉络不同,道家认为,要回溯到真正的源头,这个源头就是宇宙造化之源——大自然,即道家更多地把目光集中于人与自然之间的关系当中(张奕、韩布新,2018)。道家认为,人应该回溯到这个源头,回溯到整个自然的场域里,把人在自然、天地之中放开,人不必被太多语言文字等符号系统所形成的文明限制。天、地、人、我、万物所形成的场域，其本身就拥有一个自发和谐的次序，人不应去破坏这个次序，而应该去参与促成这个自发和谐的次序。相比于儒家非常强调"自觉"的重要性，道家则强调自然和谐所隐含的一个调节性力量。举例而言，儒家可能会一直强调，我们必须要反躬自省，要做一个具有自由意识的自律人；而道家则言，如果我们活在一个场域之中，这个场域本身隐含着一个自发的和谐秩序，恰当地面对这个秩序，与之浑而为一，我们的生命就在这个自然而然的过程里得以安顿。这启示我们不要用一种单线式的方式来思考问题，而必须放在一个场域之中，放在天、地、人、我、万物通而为一的"圆环形的思考"里面，通过圆环形的思考方法，将这端的A（善）和那端的非A（恶）所形成的矛盾两端拉在一起，发现原来善和恶是同一个点。因此，对于恶，要用善心、慈心去对待，"善者吾善之，不善者吾亦善之，德善"（《道德经》）。对于不善，你以善对待之，才是真正的善，因为"善"与"不善"，只是一个圆环的同一点拉开，做成两端，所以可以运用这样的思考来把很多郁结的问题消解掉（林安梧，2002）。正因此，人才能真正正视存在的真实，只要每个人的心不被外在纷扰的事物拉走，清虚而宁静，心理的内在空间就能建立起来。

儒家强调人伦教化，道家强调要归返自然。如果我们把儒、道连在一起阐释，即透过人伦教化进而回归和走向自然，便可从个体走向群体，进而走向天地，实现和建构天人合一的生命张力。

## 四、情感与理性的平衡——心理弹性的心灵演练

### （一）心理弹性建设的文化基调

西方的咨询承载着西方的文化价值观，其很大一部分传统的咨询方法依附在个人主义、白人男性中产阶级、资本主义、西方的民主自由和人权等几个面向上所发展出来的一套心理健康促进方法。中国社会中关于人的存在价值和意义，是与家庭、社会和国家联结在一起而生成的，有国家的

安全与社会的稳定，才有安心的家庭生活，个人才得以获得福祉和健康；人生的意义与达成，根植于个体对社群和国家的奉献，家国情怀的系统也是中国人心理健康的目标。

同样地，在西方文化中所强调的高度专业化是源自现代化的社会分工，故西方的咨询作为工具性的存在，主要目的是解决症状与问题，却常常忽略一个人的问题是其生命和发展整体方向的议题（涉及身与心、"我"和"他者"、个体与社群、社会和自然等多层面的整体），而这正是中国文化整体观所强调的内容。

就心理弹性的研究而言，西方研究的脉络，是以个人内部弹性的增强，来达致个人的自我完善；而中国人的弹性，更需要强调关系的处理和在情景脉络下的调适能力，因此，情感与理性的平衡与张力，构成和展开了心理弹性的基本面向。

韦伯（Weber, 1989）认为，工业化的社会若遵从理性化的模式，就可以达到最大效率的可能。理性化虽然可以使社会朝着现代性发展，但最终会将人带入冷冰冰的"铁笼"中。中国的现代化进程中，只有工具理性，社会发展可能会存在冲突，而儒学对工具理性的发达，会有一种警惕和提醒作用。陈来（2006）认为，在工具理性还没有完全发展时，如果价值理性的压力太大，可能会对现代化有一种妨碍；而一旦工具理性发展起来，就需要一个调控。

孔孟儒学立足于"世间情"来建构价值体系，既有理性的一面，又有信仰的一面。孔孟儒学是立足于世间来寻找救心救世的力量的，这就体现出其理性的一面；同时，在世间中被孔、孟认可，可作为救心救世力量的，不是知识、技艺，而是情感，这又仍然是价值的。就情感不必受制于理性的意义上说，这种价值亦可被视为仍属于信仰范畴。由此，孔、孟创建的儒学传统，便显示为在理性与价值信仰之间既获得平衡又保持张力的一种独特传统。（冯达文，1998）

## （二）孟子与荀子——情感和理性

在儒家内部，孟子、荀子分别对孔子的思想资源进行自觉的反思；在"仁"和"礼"的双重关怀中，提出了互为补充的人性观。孟子以性善论为核心，崇尚人的道德修养，强调改变人内在的品质，向内求善；荀子以性恶论为核心，认为人性本恶，人们只有靠着增长知识、了解礼仪来向外求善，强调外在表现（冯达文，2020）。

心理健康咨询强调，利用和开发来访者个人的潜能与环境资源（如周围人的情绪支持），来帮助来访者应对生活中的问题（梁宝勇，2004）。孟子从"四端"出发，激发人的情感和人格理想；荀子从"化性起伪"出发，从个体社会化的历程出发，从社会化的角度对理想人格的实现路径做了一个现实的铺垫。他们从不同的角度回答了三类问题：关于"我"、关于世界、关于存在本身。从这三类问题出发，我们可以构建一个心理弹性的建设方案。这个方案涵括了从人格的理想到道德自我确立到理想人格的实践，再到生命意义的最终实现的全程，即一条从孟子到荀子再到孟子的意义治疗之路。具体方案分述为以下五个方面（李桦，2006）。

### 1. 叙事

我们说，每一个人都在一个故事中，是指这个人在他的时间境域中构成着他自身的故事。如果这个故事与他所在的文化价值类型及其现实中的变式基本相符合，那么，这个人及其故事就是正常的。如果不相符合，或者是社会环境的变异，或者是个人的变异，由此表现出的是分离与错位。

我们通常使用经典中的叙事，来为当事人重构生命的轮廓，重新解释发生在他身上的事件的意义和价值，重新寻找一个解释的框架。一般人对心智结构往往直接反映出"心理实在"的概念，无论是复杂结构下的多面阶层结构，还是多重性人格诠释，这样的观念一旦成立，立即意含着"一个不变的心智结构来证成不变或稳固的心理实体"。而这样的定义在知识的成立前，须具有命题的成立之架构。当一个人在叙述他自己的事时，他会谈他的行事，他过去的事情是在行动的时间里，在行动世界里忙着处理他的对象,并且依据"当时"的处境脉络在行动,乃至在行动空间散布许多行动(佛教称之为"业")。而对现在所叙述"过去"的事,他已进入一个完全不同的范畴。从实证论的观点,事情在过去真正发生了,所以他"过去的实在"是透过"现在"的叙说而呈现,也因此,任何"现在"(时间上的现在)的叙说,都是由现在(处境上的现在)加以再脉络化、再情节化,由"结论"去寻找可能的观点。当我们苦于无法跳脱其境的时候,往往是对过去已发生的事件执持胶着的延续,事实上,叙述的"当下",已无一"实在"可寻。

### 2. 情感的激发

情感作为人格的中心,越来越得到心理学家的重视。情感的建立是在一个人生命的早期。在生命的后期,我们能够做的只是对这样一种早期经验的唤醒和一定程度的解释。情感激发的目的,是使个体重新获得最直接的生命感受和生活动力。

情感的激发源于孟子的人格理想的一种方法。孟子从"四端"出发,唤起人的内心情感,以达到与他人和谐、与社会和谐的可能。他人的行为和他人的话语不是他人。他人的悲伤与愤怒对于他和"我"而言,没有完全相同的意义。对于他而言,它们是体验到的处境;对于"我"而言,它们是呈现的处境。但是,如果我们在情绪的体验所引起的生理反应机制上是一样的,我们就是可以感通的。孟子正是力求通过激发这种情感的感通性,引导人们走出自我,走向他人。

### 3. 认知的重建、心灵的自察

这是源于从孟子到荀子的一个治疗方案。如果行为的问题首先是行为背后的认识问题,那么,认知的重建就可以视为一种必需。

心灵的自察是一个内省的功夫,建立于对自己的心灵成长持一种正面的态度和信心,是认知重建的一个目的。任何的早期事件对个体的成长的影响都应该是双向的,从孟子到荀子所引出的咨询方法,不是像精神分析那样,让来访者回到不可逆的过去时间中获得修复,而是让来访者看到当下的意义,把过去的不幸经历转化成今天的财富,给苦难以认知上的意义，即重新调整叙事的主观逻辑。

对同一的情感交流，容易引导投入；不同一的，则容易激起抗争。认知的介入、冷静的思考，有利于消解偏颇，同时，也舒缓了心理上的紧张状态。

无论一个人试图实现和建立什么样的正确性规则——无论是科学和逻辑的纯粹性，还是道德、审美或法律方面的规范性，他都是把自己寄托在某种理想上。在心灵的审查上，我们会运用到孟子的人格理想。

#### 4. 自我控制与社会化

行为的重新塑造要通过社会化的历程来加以内化。从一个旧的行为的消退到一个新的行为的建立，依靠建立在认知基础上的自我管理和自我控制。自我控制的态度及社会化过程中对社会的责任与担当，是达成行为改变的重要契机。要与人建立一种相互补充的关系。凭借自己的领会本领，我们把另一个人的相同官能体验为那个人的心灵的存在。荀子的理论帮助当事人检讨自我控制与社会化的责任：在社会化的过程中，个体如何一方面抗拒社会的控制，另一方面加强自我控制。

#### 5. 重建心灵与扩展自我

荀子的"化性起伪"显然是以社会责任与规范作为前提和目的；重新回到孟子，对人性、对生活、对责任与承担有了新的认识，最终目的是自我的确定和自我的增强。

这一过程的一个基本要素是对痛苦的态度。疼痛和痛苦通常是一种信号，它表明某个地方出了毛病，需要改变。因此，痛苦是一种防卫。此外，我们也常常自讨苦吃，因为适当的痛苦和压力是人的一种需要，是生命的意义的一种表现。

与痛苦问题相关的是死亡的必然性和生命的责任。《论语·先进》中的"未知生，焉知死？"，《孟子·告子上》中的"生，亦我所欲也，义，亦我所欲也。二者不可得兼，舍生而取义者也"，《报任安书》中的"草创未就，会遭此祸，惜其不成，是以就极刑而无愠色"，都意谓对生命负责，把注意力集中在对生命意义的追寻上，把人的自然生命作为实现生命

面对灾难：人类的内在力量

价值的载体，把有限的生命和无限的时间与空间联系起来，以在这样的连接下产生的永恒来面对生命的有限性和无意义感。

北宋张载在《西铭》中这样说：

> 乾称父，坤称母；予兹藐焉，乃混然中处。故天地之塞，吾其体；天地之帅，吾其性。民吾同胞，物吾与也。大君者，吾父母宗子；其大臣，宗子之家相也。尊高年，所以长其长；慈孤弱，所以幼其幼。圣其合德，贤其秀也。凡天下疲癃残疾，茕独鳏寡，皆吾兄弟之颠连而无告者也。……富贵福泽，将厚吾之生也；贫贱忧戚，庸玉女于成也。存，吾顺事；没，吾宁也。（《张载集·正蒙·乾称篇第十七》）

我们都是天（父）地（母）一体化生的，我们的身体禀自天地之气，精神禀自天地之心（性）。就个人而言，"我"只是天地宇宙中一个微不足道的成员；既然"我"与天下之人人物物皆由天地宇宙一体化生，则所有人都是"我"的同胞，所有物都与"我"紧紧连在一起。"民吾同胞，物吾与也"这一提法后来被简述为"民胞物与"一语，成为中国文化所追求的"一体之仁"的大爱精神的体现，这是张载借宇宙论一气生化确立的精神。

大君大臣，无非是大家庭中的主管，在大家庭中，要尊老爱幼。其中的圣贤，只不过在德行上显得更加优秀；而那些残疾孤寡之人，亦都是自家兄弟中命运不济的人，对他们也要给予同等的爱。

至于个人，如果得以承受"富贵福泽"，那是天地宇宙对"我"的厚爱；又或不幸过着贫贱忧戚的生活，那也只是让"我"得到磨炼而更好地成全于"我"。活着，"我"顺世安乐；殁去，"我"回归于宁静。仅此而已矣（冯达文，2009）。

心理的弹性与健康的心态是通过对生与死及其相互关系的认识而达成的，对死亡的认识过程在本质上既是感情的，又是精神的。

因此，中国文化脉络中的心理弹性并非个体的概念，而在某种意义上类似于一种教化，或者说是中国文化的现代性重构这样的概念，本质上强调的依然是个体和群体的协调、当下与历史的贯穿、人情和天理的会通。在这样的理想实践中，我们获得了更稳定的立足点，仰观俯察，不愧祖先，也对得起自己和子孙，从而真正成为中国文化意义上的人。

## 五、余论

丹尼尔 J. 莱文森（Daniel J. Levinson，1978）的《人生四季理论》(*The Seasons of a Man's Life*) 认为，对成人发展历程的了解，不能仅视为人格的发展，而是要视为生命结构的发展或演变。而生命结构可以定义为自我与世界之间的组型和配合，这包括职业、人际关系及休闲活动等范围。在成人的每个时期，每个人都要从他的生命结构中做出一些关键性的选择，并且在生命结构里寻求他的目标和价值。成人生命的选择，往往是在一系列稳定或结构不变时期与过渡或结构变化时期之间。个体往往会评估且再评其现存的生命结构，而对其生涯、婚姻、家庭或其他生命的面向，做出新的抉择。而文化的特质，是生命结构的基底。

不断变化的新冠肺炎疫情给世界发展带来的影响和冲击不断扩大和加深，各国人民不仅要面临生命安全和身体健康的威胁，亦承担着疫情冲击下世界主要经济体普遍面临的经济下行压力。"孤举者难起，众行者易趋"，人类不仅要应对当前的问题，而且要着眼于人类和平与发展的长远问题来进行谋划，共建人类命运共同体。

灾难是生活在地球上的人类必然会经历的，每一个民族、每一代人都会经历地震洪水，抑或是战争瘟疫。我们在目睹了伤亡、经济衰退、前途迷茫后产生的情绪波动，会干扰我们的睡眠、饮食和判断力。若长期延续，会导致恐慌、抑郁和焦虑等身心症状问题。很明显，没有人能够在过度的焦虑、恐慌或者抑郁状态下产生正向理性的行为。因此，从个人的角度来说，需要一种良好的心理建设能力以帮助我们恢复平静，从而减轻焦虑，缓解强烈的情绪波动或麻木。我们可以通过内观、静思和吐纳等方法来帮助我们恢复平静，进而在相对安静的状态中与人有效地链接，相互提供支持，并且看到更多积极的成分，产生希望。

经历了疫情，面对疫情本身，以及疫情引发的抗疫过程的诸多因素与事件，我们每一个个体在每一件具体的事件中，理性与情感均在不断地变化与调整。如何能让内心安顿，不囿于生活的困顿之中？我们认为，把握情与理的两端，不断地发展两端，依托二者之间的张力，学会"执两端而允中"，进而建构更强的心理弹性，变通、流动于具体事件、事物之中，从而实现内心的安顿与平静。在良好的身心健康状况下，不仅我们的躯体能够平衡而和谐地发挥其功能，而且我们的头脑和意识力量，包括理解（知识）、体验（爱）和选择（意志）能力也得到发挥。内心的和谐与宁静是创造出来的，真正的幸福是体验出来的。我们内心世界的一切相互关系也正是我们生活于其中，并作为其中一个部分的那个外部世界关系的反映。

20世纪七八十年代以来，心理弹性领域的研究共经历了三次浪潮（席居哲、桑标、左志宏，2008）：第一次浪潮重点在于个体心理弹性的确认和相关保护性因素的发现，更多的目光聚焦于对促进性因素（对所有逆境都起作用的积极因素）和保护性因素（只在较高危险水平上才起积极作用的因素）的探寻；第二次浪潮受发展心理病理学的推动，研究者开始关注环境、动态变化的视角，并以发展系统理论（developmental systems theory，DST）作为心理弹性研究的元理论，关注家庭、社区等生态系统；第三次浪潮聚焦于开展检验心理弹性理论的实验研究，是干预科学与心理弹性研究在目标、模式和方法汇合的结果。尽管在这三个层面的研究都依然处在发展阶段，但我们可以比较清晰地看到，在心理弹性的发展脉络中，对个体与生态系统之间的关系的关注成为一个不可绕过的主题，心理弹性的建设最终的导向是回到日常生活的科学性应用与引导，因此，理解处于文化、环境等诸多生态因素影响下的人应当成为我们关注的重点。对于中国人而言，理解中国文化脉络下的"个体－群体－自然"

之间的关系，理解中国人的心理健康之道，应为建立中国人的心理弹性的重要立足点。

按照世界卫生组织的定义，健康是一个不断发展的概念，是从医学模式到"医学-心理"模式，再到"医学-心理-社会"模式，从关注生理健康到关注生理、心理健康，再到全面的健康观的一个发展过程。如果说心理健康很重要的一个维度，是个体与社会的协调与互补，那么这个协调与互补显然关乎个人与社会的文化价值认同问题。因此，在文化视域下建构个体心理弹性，就需要为个人创造机会，让大家去关注个人的存在本质、人生的目的和意义、人与人之间关系的普遍特点、个人奋斗的伦理本质。只有这样，我们才能从真正的意义上面对和解决心理问题。

（李桦　葛鹏　刘志成　许俊斌）

## 参 考 文 献

GERGEN K J, 2001. Construction in contention: Toward consequential resolutions [J]. Theory & Psychology, 11 (3): 419-432.

HADOT P, 1995. Philosophy as a Way of Life: Spiritual Exercises from Socrates to Foucault [M]. Michael CHASE Trans. Oxford: Blackwell.

HADOT P, DAVIDSON A, CHASE M, 1995. Philosophy as a Way of Life: Spiritual Exercises from Socrates to Foucault [M]. Oxford, UK: Blackwell.

HSU F L K, 1943. The myth of Chinese family size [J]. American Journal of Sociology, 48 (5): 555-562.

HSU F L K, 1960. Cultural differences between East and West and their significance for the world today [J]. Tsing Hua Journal of Chinese Studies, 2 (1): 216-237.

HSU F L K, 1981. Americans and Chinese: Passage to Differences [M]. Honolulu: University Press of Hawaii.

LEVINSON D J, 1978. The Seasons of a Man's Life [M]. New York: Knopf.

WEBER M, 1989. The Protestant Ethic and the Spirit of Capitalism [M]. London: Unwin Hyman.

陈来, 2006. 走向真正的世界文化：全球化时代的多元普遍性 [J]. 文史哲（2）：

133-139.

陈少明, 2019. "做中国哲学"再思考 [J]. 哲学动态 (9): 33-39.

杜维明, 1991. 儒家思想新论: 创造性转换的自我 [M]. 曹幼华, 单丁, 译. 南京: 江苏人民出版社.

冯达文, 1998. 早期中国哲学略论 [M]. 广州: 广东人民出版社.

冯达文, 2020. 儒学传统: 在理性与信仰之间的平衡与开展: 略述孔孟荀思想脉络 [J]. 中国哲学史 (1): 5-15.

李桦, 2006. 从孟子到荀子: 一条意义心理治疗的整合路径 [D]. 广州: 中山大学.

李桦, 2014. 情与理之间: 孟荀思想的心理治疗意义 [J]. 中国哲学史 (2): 22-28.

李亦园, 2002. 李亦园自选集 [M]. 上海: 上海教育出版社.

梁宝勇, 2004. 从两种咨询模式看我国心理咨询师的培养 [J]. 心理科学 (6): 1494-1496.

林安梧, 2002. 儒释道心性道德思想与意义治疗 [J]. 道德与文明 (5): 44-49.

潘菽, 1984. 中国古代心理学思想刍议 [J]. 心理学报 (2): 103-112.

文扬, 2020. 全球疫情"政治曲线"中的文明因素 [EB/OL]. (2020–03–19) [2020–05–13]. https://www.guancha.cn/WenYang/2020_03_19_542460_3.shtml.

席居哲, 桑标, 左志宏, 2008. 心理弹性研究的回顾与展望 [J]. 教育导刊 (幼儿教育版) (11): 64.

许烺光, 2002. 彻底个人主义的省思: 心理人类学论文集 [M]. 国立编译馆, 许木柱, 译. 台北: 南天书局有限公司.

张奕, 韩布新, 2018. 中国文化的心理健康之"道": "为道日损"的心理意义 [J]. 心理学通讯 (1): 51-57.

# 后　记

中山大学心理学系自 2001 年 6 月 15 日隆重复办至今将近 19 年。回想当年，在复系后第一任（2001—2005 年）系主任杨中芳教授的带领下，学科建设和教学培养立足国际高标准与本土文化相结合。经历将近 20 年的卓越发展，心理学系正在形成以实证科学研究为核心价值，能够对社会需求敏感，努力贴近和融入本土社会文化，努力为社会健康和人民福祉提供科学研究与问题解决方案的多学科研究团队。《面对灾难：人类的内在力量》能够在短短两个月内迅速完成，就是一个很好的例证。

庚子鼠年的这场新型冠状病毒疫情给人类社会的正常秩序带来了巨大的冲击。面对逆境和灾难，人类个体在生理、认知、情感及行动等多方面如何积极调整？群体、家庭及社会大环境如何为人们战胜灾难提供弹性支持？文化层面具有怎样的潜在弹性适应的哲学？本书即围绕以上问题逐一展开论述。本书有助于从多层面、多角度科学解读心理弹性机制将如何帮助个体从逆境和灾难中恢复元气，不断追求向好面，维持积极健康和可持续发展。

本书由中山大学心理学系多个研究方向的教授及研究团队倾力完成。以下是对参与的教授及其团队的介绍。王雨吟副教授及其研究团队（陈杰灵、田雨馨、杨婉婷、王小雅），咨询与健康心理学方向；潘俊豪副教授，计量心理学方向；代政嘉副教授及其研究团队（郭小童、吴睿贞、李良芳），生物心理学方向；黄敏儿教授及其研究团队（胡传林、陈其锦、黄臻、郑曦），社会心理学方向；高定国教授及其研究团队（周麟茗、张超彬、王浩），社会心理学方向；李桦教授及其研究团队（张广东、葛鹏、刘志成、许俊斌），咨询与健康心理学方向；陆敏捷博士和曾光博士（社会心理学方向）、余萌博士和黄嘉笙博士（咨询与健康心理学方向）等是心理学系专职科研人员和博士后。中山大学心理学系自复系以来已走过近 20 个年头，明年即将迎来恢复建系 20 周年。在这 20 年中，中山大学心理学系的学科建设和社会服务都取得了长足的发展。在全球暴发新冠肺炎疫情这一世界性的重大应激事件之后，中山大学心理学系也希望能够以自身的科学研究为基础，为国家贡献绵薄之力。祝愿全国上下众志成城，迸发出无限的内在力量！

黄敏儿<br>2020 年 5 月